Realitätstreue, Natürlichkeit, Plausibilität

Clemens Kuhn-Rahloff

Realitätstreue, Natürlichkeit, Plausibilität

Perzeptive Beurteilungen in der Elektroakustik

Ein Beitrag zum Verständnis der „inneren Referenz“ am Beispiel der Plausibilität ausgewählter Wiedergabesysteme

Springer

Clemens Kuhn-Rahloff
Institute for Computer Music and Sound Technology
Zürcher Hochschule der Künste
Baslerstrasse 30
8048 Zürich
Schweiz
clemens.kuhn-rahloff@gmx.net

Dieses Buch basiert auf der Dissertation des Autors, die mit geringfügigen Abweichungen an der Technischen Universität Berlin publiziert wurde.

ISBN 978-3-642-22071-5 e-ISBN 978-3-642-22072-2
DOI 10.1007/978-3-642-22072-2
Springer Heidelberg Dordrecht London New York

Die Deutsche Nationalbibliothek verzeichnet diese Publikation in der Deutschen Nationalbibliografie; detaillierte bibliografische Daten sind im Internet über http://dnb.d-nb.de abrufbar.

Einbandentwurf: SPI Publisher Services, India

Gedruckt auf säurefreiem Papier

Springer ist Teil der Fachverlagsgruppe Springer Science+Business Media (www.springer.com)

Kenne ich mein Verhältnis
zu mir selbst
und zur Außenwelt,
so heiß' ich's Wahrheit.
Und so kann jeder seine eigene Wahrheit
haben,
und es ist doch immer dieselbe.

Johann Wolfgang von Goethe
Maximen und Reflexionen

Vorwort

Die akustische Wirklichkeit plausibel oder authentisch reproduzieren zu können, ist eine der wichtigsten Triebkräfte der audiotechnischen Entwicklung, beispielsweise für Raumsimulationen, für Musik- oder für Sprachwiedergabe. Zahlreiche Verfahren zur Messung von wahrgenommener Qualität sind mit Bezug auf „Plausibilität" in der Kommunikationsakustik entwickelt worden.

Während viele perzeptive Qualitätsurteile zwar letztendlich auf Plausibilität verweisen, besteht interessanterweise bislang wenig Übereinstimmung darüber, wie Plausibilität selbst zu messen ist und welche konzeptionelle Bedeutung diesem Begriff zugrundeliegt. Dies ist für das Verständnis des Messgeräts „Mensch" relevant und berührt daher grundlegende Fragen der Wahrnehmungsforschung.

Um Eigenschaften von Plausibilitätsurteilen zu erörtern, stellt das Buch ausgewählte *top-down*-Prozesse der Wahrnehmung in den Vordergrund, die das Urteilsverhalten beeinflussen. Im Zentrum stehen dabei strukturierende Wahrnehmungsprozesse, die nicht nur zum Plausibilitätsurteil, sondern auch zur Vorerfahrung des Wahrnehmenden und damit zur Referenz des Urteils führen. Dabei wird zunächst gezeigt, dass absolute Urteile über Plausibilität mit Bezug auf eine innere Referenz starken interindividuellen und zeitlichen Schwankungen unterworfen sein können. Jedoch handelt es sich hierbei nicht um Störvariablen, die die Messung beeinträchtigen, sondern um systemimmanente Eigenschaften der beteiligten Wahrnehmungsprozesse.

Untersuchungen des Beurteilungsprozesses sind daher möglich, wenn zusätzliche Parameter in die Messung einbezogen werden:

- Zeitlicher Verlauf von Plausibilitätsurteilen durch Priming im Kontext verschiedener Wiedergabesituationen. In diesem Zusammenhang wird gezeigt, dass das Plausibilitätsurteil über eine gegebene Wiedergabesituation trotz des alltäglichen Umgangs mit bestimmten Medien keineswegs gefestigt ist. Der mediale Kontext, in dem Plausibilität bewertet wird, ist für das Urteil relevant und sollte daher ggf. in die Messung einbezogen werden.
- Individuelle Vorerfahrung der Probanden und Urteilsverhalten bei der Bewertung unbekannter Reize: Durch Untersuchung des Streuungsverhaltens bietet sich die Möglichkeit, den Urteilsprozess auch dann sinnvoll messen zu können,

wenn Probanden nicht auf die zu untersuchenden Stimuli umfassend trainiert wurden – so wie es außerhalb von Laborbedingungen auch der Fall sein kann.

- Darstellung der dem Plausibilitätsurteil zugrundeliegenden Wahrnehmungsdimensionen in einem Ähnlichkeitsraum und Analyse der maßgeblichen Metrik. Hier lässt sich festhalten, dass gerade bei komplexen Referenzen ein hoher Minkowski-Metrikexponent ($r > 2$) erwartet werden darf. Dies ist für die Optimierung von Systemen interessant, da für das Urteil jeweils eine einzelne Wahrnehmungsdimension in den Vordergrund rückt. Mit diesem Wissen lassen sich Implementierungsprozesse u. U. auf ein einzelnes Merkmal (und damit auf entsprechende technische Systemeigenschaften) effizient beschränken.

Anhand der gewählten Szenarien diskutiert das Buch die praktische Bedeutung der Ergebnisse und stellt erkenntnistheoretische Hintergründe dar. Insbesondere wird dabei die Relevanz des Beobachterstandpunkts erörtert, der für eine sinnvolle Messung entweder des Urteilsverhaltens oder der Referenz entscheidend ist.

Dieses Buch richtet sich an Ingenieure und Forscher im Bereich der Kommunikationsakustik und anderen Gebieten der Wahrnehmungsforschung. Es bewegt sich im interdisziplinären Feld von Kommunikationsakustik, Informationstheorie und Wahrnehmungspsychologie und soll einen Beitrag zum Verständnis des psychoakustischen Messgeräts „Mensch“ liefern.

Die Veröffentlichung wäre nicht möglich gewesen ohne die Unterstützung vieler Menschen, die direkt oder indirekt an ihrer Entwicklung beteiligt waren: Zunächst möchte ich Prof. Dr. Stefan Weinzierl (TU Berlin), Prof. Dr. Ute Jekosch und Dr. M. Ercan Altinsoy (TU Dresden) für ihre umfassende fachliche Unterstützung danken. Mein spezieller Dank gilt meiner Frau, Friederike Rahloff, deren liebevolle Unterstützung dieses Projekt ermöglicht hat. Ferner danke ich Kollegen und Freunden für viele bereichernde und wichtige Diskussionen, für Unterstützung in der Versuchsphase und fachlichen Rat. Mein Dank hierfür gilt Dr. Hans-Joachim Maempel und Alexander Lindau (TU Berlin), Prof. Dr. Martin Neukom, Philippe Kocher, Prof. Germán Toro-Peréz, Jan Schacher, Lucas Bennett und Marcus Maeder (ICST Zürich), Dr. Etienne Corteel, Dr. Renato Pellegrini und Dr. Matthias Rosenthal (sonic emotion ag), Bjorn van Munster (Sensus Acoustics & Architecture) und Christoph Osmialowski. Dr. Christoph Baumann (Springer-Verlag) danke ich für seine Unterstützung als Editor dieses Buchs. Schließlich danke ich allen anonymen Probandinnen und Probanden, die mir während der Hörversuche ihre Ohren geliehen haben.

Zürich, Schweiz
2012

Clemens Kuhn-Rahloff

Inhalt

Abkürzungsverzeichnis

$H_{(f)}$	Übertragungsfunktion
MDS	Multidimensionale Skalierung
ΔP_n	Mittlerer Plausibilitätsunterschied für Stimulus *n*
RIR	Raumimpulsantwort (*room impulse response*)
r_m	Metrikexponent für Minkowski-*r*-Metriken
r_k	Korrelation
RMS	Effektivwert (*root mean square*)
T_{60}	Nachhallzeit
THD	Klirrfaktor (*total harmonic distortion*)
VU	Virtuelle Umgebung

Abbildungsverzeichnis

Tabellenverzeichnis

Kapitel 1
Einleitung: Grundlegende Begriffe und Messprozesse

> *Es war ein strömendes Füllhorn heiteren und seelenschweren künstlerischen Genusses. Es war ein Musikapparat. Es war ein Grammophon. (...) Männliche Stimme entströmte dem Schrein, männlich, weich und gewaltig auf einmal (...): das herrliche Organ erscholl nach seinem vollen natürlichen Umfang und Kraftinhalt, und namentlich, wenn man in eines der offenen Nebenzimmer trat und den Apparat nicht sah, so war es nicht anders, als stände dort im Salon der Künstler in körperlicher Person, das Notenblatt in der Hand, und sänge.*
>
> Thomas Mann: Der Zauberberg (Fülle des Wohllauts)

Die akustische Wirklichkeit plausibel oder authentisch reproduzieren zu können, ist schon seit Beginn der Schallaufzeichnung eine der wichtigsten Triebkräfte der technologischen Medienentwicklung gewesen – ein Ziel, das im Verlauf der Jahrzehnte seit Edisons Phonograph mit stets noch „realitätsgetreueren" Aufnahme- und Wiedergabeverfahren zu erreichen versucht wurde. Uns stehen heute im Audiobereich hochentwickelte Systeme zur Verfügung, die hinsichtlich ihrer Wiedergabequalität, ihrer Interaktionsmöglichkeiten mit dem Benutzer[1] und ihrer Kraft Illusion kaum Wünsche offen lassen. Auf den ersten Blick scheint sich die vom Hörer empfundene Wiedergabequalität mit dem technischen Fortschritt über die Jahrzehnte hinweg erhöht zu haben. Auf den zweiten Blick jedoch ist dieser Zusammenhang zwischen Wiedergabetechnik und Qualitätsempfinden nicht so eindeutig: Betrachtet man die audiovisuelle Reproduktion im 20. Jh., so finden sich Kommentare von Zeitzeugen über die „naturgetreue" Qualität historischer Wiedergabesysteme, deren klangliche Eigenschaften uns heute als Hörer in einer allgegenwärtig medialisierten und digitalisierten Welt allenfalls ein Lächeln entlocken. Das Qualitätsempfinden des Rezipienten hat sich über die Jahre offensichtlich immer wieder dem technischen Fortschritt angepasst: Die Langspielplatte beispielsweise, die noch Anfang der 1980er Jahre als High-Fidelity galt und bald darauf mit dem Einzug der digitalen

[1] In diesem Buch wird im Allgemeinen darauf verzichtet, Begriffe jeweils in der Form beider Geschlechter zu nennen. Gemeint ist jedoch stets eine neutrale Bedeutung, wenngleich zur besseren Lesbarkeit die männliche Form verwendet wird.

C. Kuhn-Rahloff, *Realitätstreue, Natürlichkeit, Plausibilität,*
DOI 10.1007/978-3-642-22072-2_1,

Klangwiedergabe ins Wohnzimmer bestenfalls als Stilträger unter Audioenthusiasten gehandelt wurde, ist nur ein Beispiel dafür, wie sich Hörgewohnheiten mit der technischen Entwicklung verändern.

Für den Ingenieur ist dieser Wandel der Hörgewohnheiten von erheblicher Bedeutung, denn die Qualität der audiotechnischen Umsetzung wird letztendlich nicht durch ein Messmikrofon, sondern durch den Hörer bestimmt. Es ist ja nicht ein Selbstzweck, durch neue Technologien die Qualität eines Wiedergabesystems zu erhöhen. Es ist das Ziel des Ingenieurs, die *subjektiv* erlebte Qualität des Hörerlebnisses zu steigern, was sowohl aus gestalterischer Sicht für den Rezipienten wie auch aus betriebswirtschaftlicher Sicht für den Konsumenten von Bedeutung ist.

Wir haben es hier offenbar mit einem höchst wandelbaren Urteilsverhalten zu tun, das es uns als Hörer erlaubt, Eigenschaften wie „realistisch“ oder „künstlich“ graduell zu beurteilen. Können wir als Ingenieure dieses Urteilsverhalten unserer Hörer beschreiben? Mit welchen Mechanismen der menschlichen Wahrnehmung haben wir es zu tun, wenn sich unser Urteil über die Zeit dermaßen verändern kann, und wir nichtsdestoweniger als Konsumenten täglich von diesem (höchst subjektiven) Urteil überzeugt Gebrauch machen? Können wir durch diese Beurteilung auch darauf Rückschlüsse ziehen, ob ein Schallereignis durch einen Lautsprecher und nicht durch eine natürliche Schallquelle erzeugt wurde? Oder, um es im Hinblick auf moderne Technologien der virtuellen Realität zuzuspitzen: Handelt es sich hier um Wahrnehmungsprozesse, mit deren Hilfe wir zwischen Realität und Virtueller Realität unterscheiden können?

Die Fragestellung wirft grundsätzliche Erwägungen zum Prozess der Messung und der darin enthaltenen Referenz auf, die im Grunde weit über die konkrete Motivation aus Sicht des Engineerings hinausgehen. Methodische Aspekte der perzeptiven Qualitätsmessung rücken in den Vordergrund, die eine grundsätzliche Betrachtung des Wahrnehmungs- wie auch des Messprozesses notwendig machen. Die Betrachtung des Messobjekts – hier also des Audiosystems – rückt daher in dieser Untersuchung in den Hintergrund. Stattdessen fokussiert sie auf den menschlichen Wahrnehmungsprozess, den wir aus Sicht des Beobachters als Qualitätsmaßstab und damit als Messgerät auffassen.

In diesem Sinne beabsichtigt das Buch, Fragestellungen des Evaluationsprozesses aufzuwerfen, theoriebasiert zu diskutieren und exemplarisch in Experimenten zu beantworten. Insofern entwickelt es kein vollständiges Konzept zur Messung von „Plausibilität“, sondern ist eine explorative Betrachtung des Gebiets und insbesondere des Begriff der Referenz der Messung. Es soll damit ein methodisches Element für weitere wissenschaftliche Untersuchungen sein.

Wenngleich das Buch also zunächst von einer Fragestellung des Ingenieurs ausgeht, bewegt sie sich doch in einem Bereich der Grundlagenforschung: Nicht das technische System selbst steht im Mittelpunkt der Untersuchung, sondern der Wahrnehmungsprozess des Menschen und die Möglichkeiten, diesen Prozess zu (er-) messen.

Die Darstellung wird zunächst mit deduktiven Methoden im Sinne einer theoriebasierten Exploration Beschreibungen für den Plausibilitätsbeurteilungsprozess und für die in ihm enthaltenen Elemente entwickeln. Diese Beschreibungen werden in

Kap. 1 auf der Basis von existierenden Modellen für perzeptive Messungen und in Kap. 2 ausgehend von wahrnehmungs- und entwicklungspsychologischen Zusammenhängen ausführlich diskutiert. Auf dieser Grundlage werden dann in Kap. 2 und 3 Hypothesen zu Eigenschaften des Urteilsprozesses entwickelt und experimentell überprüft. Kapitel 4 wird zuletzt den Prozess in einem Gesamtzusammenhang beleuchten und weiterführende Anknüpfungspunkte für zukünftige Forschungsarbeiten diskutieren.

Das Ziel ist hier also, Wahrnehmungsprozesse zu beschreiben, der sich hinter dem Begriff der Plausibilität verbergen. Bevor hieraus ein für den Ingenieur nutzbares Werkzeug zur messtechnischen Analyse von Audiosystemen entstehen kann, sind grundsätzliche methodische und erkenntnistheoretische Fragen zu lösen. In diesem Sinn geht es darum, objektivierbare Eigenschaften des offenbar sehr veränderlichen Urteilsverhaltens über Plausibilität zu erheben. Zu diesem Zweck werden einzelne Aspekte der relevanten Wahrnehmungsprozesse am Beispiel von elektroakustischen Anwendungsszenarien dargestellt und experimentell untersucht.

1.1 Die Problemstellung im Überblick

Virtuelle Realität ist zwar erst seit den 1990er Jahren in größerem Umfang zum Forschungsgegenstand geworden, seitdem digitale Aufnahme-, Simulations- oder Wiedergabesysteme nicht mehr nur einzelnen professionellen Anwendungen vorbehalten sind. Doch obwohl erst in jüngster Zeit wissenschaftliche Ergebnisse auf diesem Gebiet veröffentlicht wurden, ist die Zielsetzung, nach der „Virtuelle Realität" strebt, keineswegs neu. Vielmehr ist die Intention heutiger Systeme, die dem Konsumenten zur Verfügung stehen, durchaus vergleichbar mit dem, was man bereits in der ersten Hälfte des 20. Jh. durch inzwischen historische Technologien zu erreichen versuchte: Dem Hörer oder Betrachter eine Welt nahezubringen oder ihn in diese hineinzuversetzen, die nicht der Umwelt entspricht, in der er sich gerade befindet. Ob die medial reproduzierte Welt dabei der realen Welt möglichst genau entsprechen soll oder ob es sich um die Darstellung einer möglichen, denkbaren Welt handelt, ist an dieser Stelle für unsere Betrachtung vorerst zweitrangig. Viele der damaligen Wiedergabesysteme mögen uns heute unter qualitativen Gesichtspunkten als unzureichend oder zumindest verbesserungsfähig erscheinen. Dennoch müssen wir feststellen, dass damalige Technologien von Zeitzeugen in ihrer Qualität als kaum zu überbieten eingestuft wurden. So schreibt beispielsweise Theodor W. Adorno 1963 über die damals analoge Hörfunkübertragung:

> Die Technik hat (…) Fortschritte gemacht, welche prinzipiell die täuschend ähnliche Sendung jeglicher Musik erlauben. Mit den besten zeitgenössischen Empfangsgeräten und in einem großen und akustisch einigermaßen geeigneten Raum kann man gute Aufnahmen von Opern oder symphonischer Musik so hören, daß selbst das Vorurteil des hartgesottenen Fachmanns wenig zu beanstanden findet. (Adorno 1963, S. 369)

Die Qualität der Hörfunkübertragung ist nur ein Beispiel, an dem sich feststellen lässt, wie sich das alltägliche und subjektive Qualitätsempfinden des Rezipienten mit dem technologischen Fortschritt von damals bis heute gewandelt hat. Es ließen sich viele weitere Beispiele aus den Bereichen Kino, Computerspiele, Musikübertragung, raumakustische Auralisation, etc. finden, an denen deutlich wird, dass technologischer Fortschritt und Wiedergabequalität offenbar nicht allein die treibenden Kräfte für eine veränderte Wahrnehmung medialer Reproduktionen sind. Unser Urteil über das, was wir als „realitätsnah", „denkbar" oder „plausibel" erachten, passt sich offenbar mit der Zeit der Wiedergabetechnologie an.

Aus Sicht der Psychoakustik ist dieser Umstand insofern von Bedeutung, als dass hier der Mensch als Messgerät für die qualitative und quantitative Beschreibung von Attributen eines Wahrnehmungsobjekts herangezogen wird. Diese wiederum sollen als (Qualitäts-) Messgröße für physikalische Reize oder Objekte der Umwelt dienen. Bei diesem Vorgehen sind wir darauf angewiesen, das Verhalten unseres Messgeräts „Mensch" genau zu kennen, um die Bedeutung des vom Messgerät gelieferten Messwerts interpretieren zu können.

Problematisch ist in diesem Zusammenhang insbesondere, dass die Grundlage, auf der wir die „Realitätsnähe" einer Wiedergabe ermessen, in vielen Anwendungsfällen nicht offensichtlich ist: Bei der Übertragung eines Konzerts im Hörfunk können wir normalerweise nicht die im Radio gehörte Sendung mit dem Erlebnis im originalen Konzertsaal unmittelbar vergleichen. Begeben wir uns in den Bereich der Virtuellen Realität, in dem wir oftmals auf Scheinwelten treffen, die gar kein Pendant der materiellen Umwelt besitzen, spitzt sich die Frage weiter zu, an welchen Kriterien wir eigentlich die umgangssprachliche „Realitätstreue" festmachen. Gleichgültig ob wir an dieser Stelle die Übertragung von Musik im Hörfunk, die Grafik eines Computerspiels oder die audiovisuelle 3D-Simulation in einem CAVE-System betrachten: Es handelt sich jeweils um einen Prozess, in dem wir aufgrund unserer Vorerfahrung und Erwartungshaltung die Qualität des uns Dargebotenen intuitiv beurteilen.

Nun haben wir es hier offenbar mit einem zeitvarianten Urteilsverhalten zu tun – ein Umstand, der die Frage nach der Güte des Messgeräts „Mensch" in der Qualitätsmessung aufwirft. Wenn wir im Alltag den Begriff „Qualität" benutzen, dann verwenden wir diesen meist im Hinblick darauf, ob wir z. B. ein Produkt subjektiv als „gut" einschätzen, oder ob wir beim Gebrauch eines Produkts Mängel feststellen, in deren Hinsicht das Produkt unseren Wünschen nicht entspricht. Kapitel 3 wird sich eingehend mit industriellen und wissenschaftlichen Konzepten von „Qualität" befassen. Doch obwohl wir an dieser Stelle Qualität bisher nur im umgangssprachlichen Sinne gebrauchen, so lässt sich an den bisher genannten Beispielen bereits feststellen, dass unsere Bewertungsgrundlage für Qualität offenbar äußerst wandelbar ist. Floyd E. Toole fasst dies folgendermaßen zusammen:

> Loudspeakers are evaluated by using recordings which are made by using microphones (...) which are evaluated using loudspeakers which are evaluated using recordings etc. Recordings are then used to evaluate audio products. This is equivalent to doing measurement with an uncalibrated instrument. (Toole 2009, S. 5)

Aus messtechnischer Sicht müssen wir also feststellen, dass sich das Normal unseres Messgeräts, die Referenz der Messung, über die Zeit ändert. Ob wir es daher zwingend mit einem „unkalibrierten" Messgerät zu tun haben, wie Toole behauptet, sei hier zunächst dahingestellt. Bevor wir über diesen Punkt eine eingehende Diskussion eröffnen – die Kap. 2 und 3 werden tiefer darauf eingehen – erhebt sich die Frage, wie wir einen solchen Mess- und Qualitätsbeurteilungsprozess auf einer allgemeineren Ebene überhaupt beschreiben können. Insbesondere stellt sich die grundlegende Frage, wie wir die Qualität, nach der wir hier Systeme beurteilen, wissenschaftlich eindeutig benennen: Was für ein Mess- beziehungsweise Wahrnehmungsprozess verbirgt sich hinter auf den ersten Blick so subjektiven Begriffen wie „realitätsnah" oder „plausibel"?

Hier liegt also ein mehrschichtiges Problem vor, das nicht allein nach einer qualitativen und quantitativen Beschreibung des *Ergebnisses* eines Wahrnehmungsprozesses fragt. Das Ergebnis des Wahrnehmungsprozesses wäre z. B. die Bewertung eines Audiowiedergabesystems hinsichtlich der Plausibilität des Wahrnehmungsereignisses, das durch das System stimuliert wird. Um ein solches Ergebnis mit Wahrnehmungsmodellen zu untermauern, könnten wir, wie in Abschn. 1.3 ausführlich dargestellt werden wird, auf existierende Evaluationsmethoden perzeptiver Qualitätsmessung zurückgreifen, die von anderen Autoren in unterschiedlichen Zusammenhängen entwickelt wurden. Wie wir jedoch bereits an diesen ersten Alltagsbeispielen der Einleitung erkennen, haben wir es mit einer zeitlichen Entwicklung des Wahrnehmungs*prozesses* zu tun, der sich aufgrund seines zeitvarianten Verhaltens einer exakten Beschreibung entzieht. Wollen wir den momentanen Messwert genauer interpretieren, müssen wir diesen *Prozess* abbilden. Wir stehen also vor einem viel grundlegenderen messtechnischen Problem: Es stellt sich nicht die Frage danach, welche Messgrößen und Messwerte das Messgerät „Mensch" liefert – anschaulich gesprochen welche Beschreibungen für die subjektiv empfundene Qualität der Mensch in diesem Zusammenhang nennt und wie er diese Beschreibungen zur Benennung von Skalen nutzt, die wiederum eine quantifizierbare Beschreibung erlauben. Hierzu wurden von diversen Autoren psychometrische Methoden entwickelt und untersucht (z. B. Stevens 2002b). Vielmehr stellt sich die Frage, wie der Mensch überhaupt zu diesen qualitativen Beschreibungen *gelangt*.

Die bisher dargestellten Alltagsbeispiele haben das Untersuchungsfeld umrissen: Es geht um die Frage, nach welchen Kriterien der Mensch die Eigenschaften einer Audiowiedergabe im Hinblick auf einen (noch exakt zu definierenden) Realitätsbezug bewertet. Um das Gebiet genauer einzugrenzen, werden in den folgenden Abschnitten nun notwendige Begriffe definiert und existierende Modelle für perzeptive Messprozesse dargestellt, um auf diese Weise die hier relevanten Wahrnehmungsprozess nach dem Stand der Forschung zu strukturieren.

1.2 Begriffsdefinitionen

Der Vorgang, den wir hier betrachten, ist die Simulation einer realen oder möglichen Umgebung für den Benutzer mit Hilfe eines medialen Systems. (Wir beschränken uns hier aus praktischen Gründen auf Audiosysteme.) Um diesen Vorgang qualitativ genauer zu beschreiben, gilt es zunächst, die Intention, die mit dem jeweiligen System verfolgt wird, genauer zu differenzieren. In Anlehnung an Arnaldi et al. (2006) lassen sich hier unter dem Blickwinkel dieses Buches drei Klassen von Anwendungen unterscheiden. Es ist zu beachten, dass an dieser Stelle die Klassifizierung der Systeme ihre jeweilige Zielsetzung berücksichtigt, nicht jedoch die Frage, wie gut diese Systeme dieses Ziel erreichen.

1. „*Transportation*": Systeme, mit denen die Illusion geschaffen werden soll, die Realität eines Ortes an den Ort zu bringen, an dem sich der Benutzer gerade befindet oder umgekehrt (z. B.: frühe Anwendungen des Kinos, Telekonferenzsysteme, Liveübertragung von Konzerten im Hörfunk,...)
2. „*Simulation*": Systeme, die ein *mögliches* Szenario wiedergeben, das nicht zwingend ein Äquivalent in der realen, d. h. tangiblen Umwelt besitzt, das jedoch aufgrund unserer Alltagserfahrung als denkbar bewertet wird (z. B. audio-visuelle virtuelle Umgebungen (VU) für architektonische Simulationen, die für Planungszwecke einen Eindruck des noch nicht fertiggestellten Gebäudes vermitteln, manche Formen des Hörspiels,...).
3. „*Creation*": Systeme, die existierende Klänge verändern oder vollkommen künstliche Klänge erzeugen. Solche Klänge können auf Objekte außerhalb des Wiedergabesystems Bezug nehmen, aber dabei so offensichtlich tontechnisch bearbeitet sein, dass verfremdete oder künstliche Wahrnehmungsereignisse entstehen (z. B. diverse Formen elektroakustischer Musik: Computermusik, Klanginstallationen, musique concrète, musique acousmatique,...)

Die erste Gruppe von Systemen (*Transportation*) versucht im eigentlichen Sinne des Wortes, eine „realistische" Wiedergabe zu erzielen, nämlich ein Objekt der Umwelt in seinen für die menschliche Wahrnehmung entscheidenden Eigenschaften an den Ort der Reproduktion zu versetzen. In diesem Sinne ist die Basis für die subjektive Beurteilung der Wiedergabequalität auf den ersten Blick klar definiert: Sie richtet sich nach der Wahrnehmung des Objekts, das in der realen Umwelt existiert. Wenn wir von dort ausgehend nun die Systeme der zweiten und dritten Gruppe betrachten, stellen wir fest, dass diese Beurteilungsgrundlage deutlich weniger klar ist: Während Systeme der zweite Gruppe zumindest noch das Ziel haben, ein mögliches Szenario darzustellen, bewegen wir uns in der dritten Gruppe in einem Bereich, der bewusst auf Wahrnehmungsereignisse hinzielt, die wir als verfremdet oder künstlich beurteilen. Im Bereich der elektroakustischen Komposition beispielsweise wird das Medium sogar zu einer Art Filter, der zu einer bewussten Verfremdung von Objekten eingesetzt wird, indem Eigenschaften des Mediums selbst in den Vordergrund gerückt werden. Das Medium wird als solches deutlich wahrnehmbar. Ausgehend von den zu Beginn genannten Alltagsbeispielen fokussieren wir hier insbesondere auf die ersten zwei Klassen von Systemen. Auf die dritte Klasse (*Creation*) werden wir in Kap. 3, 4 und 5 im Zusammenhang mit weiterführenden Betrachtungen zum Wirklichkeitsbegriff nochmals zurückkommen werden.

Das Ziel ist es, diese Systeme qualitativ zu charakterisieren, d. h. Beschreibungen zu entwickeln, deren Eigenschaften sich am menschlichen Qualitätsempfinden orientieren. Bevor wir versuchen, die hier vorliegende Fragestellung auf existierende Methoden perzeptiver (Qualitäts-) Messungen zurückzuführen, werden wir zunächst einzelne Begriffe betrachten und genauer definieren, die im Zusammenhang mit dem Untersuchungsgebiet in der psychoakustischen Literatur verwendet werden.

Die kurzen Beispiele der Einleitung haben aus der Alltagserfahrung verschiedene Begriffe zur Beschreibung des Untersuchungsgebiets eingeführt, die jeweils verwandte Merkmale von Wahrnehmungsobjekten beschreiben: Das Wortfeld umfasst hier Adjektive wie z. B. „realistisch", „natürlich", „authentisch" oder auch „plausibel". Diese Begriffe sind nicht zufällig gewählt, sondern finden sich in unterschiedlichem Kontext in der perzeptiv-orientierten Literatur (vgl. z. B. Blauert 1997; Bech und Zacharov 2006; Schubert et al. 2001). Im Folgenden werden diese Begriffe genauer beleuchtet, um daraus Definitionen zu entwickeln, die eine wissenschaftliche Differenzierung des Untersuchungsgebiets ermöglichen.

Der Begriff „*natürlich*" wird in verschiedenen Veröffentlichungen als Maß zur Beurteilung von Audiosystemen genannt (z. B. Koivuniemi und Zacharov 2001 im Zusammenhang mit räumlicher Wiedergabe). Eine Übersicht geben Bech und Zacharov (2006). Etymologisch gesehen bezeichnet lat. *natura* (von *nasci:* entstehen, geboren werden) alles, was nicht vom Menschen erschaffen wurde (Pfeifer 2005). In diesem engeren Sinne ist der Begriff *natürlich* zur Beurteilung von Audiosystemen nur von geringer Bedeutung, ist doch eine große Zahl von elektroakustischen Darbietungen auch in ihrem Original vom Menschen erschaffen (z. B. die gesamte Instrumentalmusik). Nichtsdestoweniger scheinen Probanden den Begriff auch auf die Beurteilung von Musikdarbietungen anzuwenden, wobei vermutlich gemeint ist, dass die Darbietung trotz elektroakustischer Wiedergabe noch immer die Anmutung einer unmittelbar (d. h. nicht-medial) rezipierten Aufführung besitzt. Es bleibt in der Literatur unklar, welche perzeptiven Größen und Prozesse hier im Einzelnen relevant sind. Offensichtlich bedarf der Begriff *natürlich* jedoch eines vergleichbaren Reizes außerhalb der medialen Wiedergabe, um überhaupt sinnvoll zu sein. Problematisch erscheint im Sinne einer eindeutig definierten Messgröße, dass *natürlich* im umgangssprachlichen Gebrauch die ursprüngliche Bedeutung des „nicht vom Menschen Erschaffenen" suggeriert, tatsächlich aber allgemeiner die Übereinstimmung eines medial rezipierten Wahrnehmungsobjekts mit einem wie auch immer definierten Original meint. Dieses Original ist zudem in den seltensten Fällen während der Messung verfügbar: Zu beurteilen, ob die Liveübertragung im Radio aus einem Konzertsaal „natürlich" klingt, bedarf streng genommen einer Kenntnis darüber, wie der Konzertsaal tatsächlich beschaffen ist. Wir werden auf diesen Umstand im Zusammenhang mit dem Begriff *plausibel* weiter unten zurückkommen.

In ähnlicher Weise wird in der Präsenzforschung (Witmer und Singer 1998; Schubert et al. 2001; Lessiter et al. 2000) der Begriff „*realistisch*" verwendet, der mit der Begriffsbildung der „Virtuellen Realität" eine mehrschichtige Bedeutung erhält. Vom Begriff lat. *realis* kommend (die Sache betreffend, lat. *res:* die Sache, das Ding) wird hier der Bezug zu einem Objekt, das außerhalb der medialen Simulation existiert, offensichtlich. Interessant ist in diesem Zusammenhang insbesondere der zusätzliche Begriff „virtus" (lat. die Kraft), der als Wurzel des Wortes „virtuell" Objekten innerhalb einer „Virtuellen Realität" die Eigenschaft zuschreibt, nicht tatsächlich gegenständlich, sondern eben nur „ihrer Kraft nach vorhanden" zu sein – nämlich kraft der Wahrnehmung des Subjekts (vgl. Blauert 2006). Für die Beurteilung der Simulation real existierender Objekte mag der Begriff *realistisch* durchaus sinnvoll sein, es erhebt sich jedoch die Frage, wie die Eigenschaft *realistisch* auf Objekte angewendet werden kann, die in der Umwelt keine exakte Entsprechung besitzen.

Die psychoakustische Literatur wählt hier einen anderen Weg, um die Größen, die zur Beurteilung herangezogen werden können, zu erweitern, und führt den Begriff „*plausibel*" ein. Nach Novo (2005) und Blauert (2005) bezieht sich *plausibel* darauf, ob ein Wahrnehmungsobjekt in einem bestimmten Kontext als denkbar oder möglich erachtet wird. Im ursprünglichen Sinne bedeutet Plausibilität so viel wie *Stimmigkeit* oder *Richtigkeit* (von lat. *plaudere:* beifallklatschen, *plausibilis:* beifallswürdig), wohingegen Authentizität (von griechisch αυθεντικός authentikós: echt) mit Echtheit im Sinne von „als Original befunden" übersetzt werden kann (Pfeifer 2005). Im Sinne der hier verwendeten Begriffsbildung wäre also eine authentische elektroakustische Wiedergabe für den Hörer von ihrem Original nicht zu unterscheiden. *Plausibel* stellt insofern also eine Erweiterung der Begriffe *natürlich* oder *realistisch* dar, als dass eine „überzeugende" Darstellung nicht zwingend der Beurteilung mit Hilfe einer in der Umwelt existierenden Referenz bedarf, sondern sich ausschließlich auf den Vergleich von Wahrnehmungsobjekten bezieht.

Dieser Punkt ist für die durchgeführte Betrachtung von erheblicher Bedeutung, denn der Begriff *plausibel* nimmt also als Messgröße eine klare Verschiebung der Referenz für die Beurteilung vor: Nicht das in der äußeren Umwelt existierende Objekt wird als Referenz herangezogen, so wie es beim Begriff *natürlich* der Fall ist, sondern die *in der Wahrnehmung vorhandene Referenz* wird zum Normal der Messung, wobei zunächst offengelassen wird, woher diese Referenz stammt.

Bei genauerer Betrachtung existieren in der Literatur verschiedene Definitionen von Plausibilität, die sich bezüglich dieses Punkts – der Bedeutung der inneren Referenz für das Urteil – unterscheiden. Aufbauend auf Blauert (2005) und Novo (2005) erhebt beispielsweise Lindau (2011) Plausibilitätsurteile, um Raumsimulationen zu bewerten. Bei der von ihm durchgeführten Operationalisierung spielt die Vorerfahrung der Probanden allerdings nur eine untergeordnete Rolle. Die Beispiele in der Einleitung zeigen jedoch, dass für die hier vorliegende Fragestellung die Erinnerung an zuvor Wahrgenommenes von großer Bedeutung ist: Die Frage, ob uns eine aus dem Lautsprecher wiedergegebenes Violine „plausibel" erscheint, ermisst sich ja i. d. R. nicht an einer konkret vorhandenen Violine, die wir als Vergleich hinzuziehen könnten, sondern an unserem Vorwissen, das uns ein konzeptionelles Verständnis der klanglichen Eigenschaften von Violinen gestattet. Wir werden diesen Punkt in Kap. 2 vertiefen und können bereits hier feststellen, dass für die hier durchgeführten Betrachtungen eine Definition von Plausibilität erforderlich ist, die sich auf die Vorerfahrung bezieht[2].

---

[2] Da wir es in Hörversuchen, in denen Stimulus und Referenz dargeboten werden, stets mit einer sequentiellen Darbietung zu tun haben, stellt sich hier strenggenommen die Frage, ab welcher Zeitspanne in der Abfolge von Stimulus und Referenz die Erinnerungsfähigkeit und damit die Vorerfahrung so relevant wird, dass wir eigentlich schon von einer „inneren Referenz" sprechen müss-

Nicht unerwähnt bleiben soll, dass auch im Bereich der Präsenzforschung der Begriff Plausibilität verwendet wird, jedoch bezieht sich dieser insbesondere auf die Plausibilität von Interaktionen des Benutzers mit Objekten oder mit anderen Personen in der Virtuellen Umgebung (Sheridan 2009). In diesem Sinne wird Plausibilität in der Präsenzforschung unterschieden von der „Realitätstreue" der Virtuellen Umgebung. Letztere bezieht sich auf die oben erwähnten Begriffe von Schubert et al. (2001) und Lessiter et al. (2000). Auf eine Diskussion dieser Bezeichnungen werden wir in Abschn. 2.3 zurückkommen.

Betrachten wir Plausibilität also als ein Urteil, das sich auf Wahrnehmungsobjekte der Vorerfahrung bezieht, enthält der Begriff *plausibel* im Gegensatz zu den zuvor genannten Begriffen *„realistisch"* oder *„natürlich"* eine Aussage darüber, wie die Referenz der Messung beschaffen ist: Sie ist ein Wahrnehmungsobjekt – genauer: ein Wahrnehmungsobjekt der Vorerfahrung – und ist damit ebenso Gegenstand des Wahrnehmungsprozesses wie das zu bewertende Wahrnehmungsobjekt selbst. Da wir zuvor bereits in den Beispielen des Alltags erkennen konnten, dass sich offenbar diese Referenz der Messung über die Zeit ändert, lässt sich aufgrund der Definition von *plausibel* nun schlussfolgern, dass der Messprozess dann sinnvoll beschrieben werden kann, wenn diese Referenz und ihre Entwicklung für den äußeren Beobachter hinreichend genau bekannt sind.

Ohne voreilige Schlüsse zu ziehen, können wir aus der bisherigen Darstellung eine vorläufige, noch recht allgemeine Definition von Plausibilität aus messtechnischer Sicht formulieren. Diese Arbeitsdefinition wird in den folgenden Kapiteln schrittweise detaillierteren Untersuchungen unterzogen und weiterentwickelt.

Definition (vorläufig): Plausibilität ist das Ergebnis eines perzeptiven Prozesses, der ermittelt, in welchem Maße ein Wahrnehmungsobjekt mit einer aus individuellen Vorerfahrungen resultierenden, inneren Referenz übereinstimmt.

Die Definition, so unscharf sie zunächst erscheinen mag, enthält zwei Begriffe, die nun weiterer Klärung bedürfen und uns zu genaueren Überlegungen führen:

1. Zum einen der Begriff der „Vorerfahrung", der messtechnisch gesehen einem Normal, also einer Referenz der Messung, entspricht. Wie können wir diese Vorerfahrung als Wahrnehmungsobjekt beschreiben?
2. Zum anderen den Begriff „individuell", der an dieser Stelle zunächst die Verallgemeinerung der Messung in Frage stellt. Aus Sicht des Ingenieurs interessiert in der Regel eine interindividuell (d. h. für eine Zielgruppe) gültige Messung. Wollen wir also Regelhaftigkeiten dieses Messprozesses erkunden, müssen wir untersuchen, welche Gemeinsamkeiten in der Beschaffenheit von Vorerfahrungen und den damit verbundenen Urteilen innerhalb einer Gruppe existieren.

---

ten. Dieser Punkt wird hier nicht vertieft, da im Rahmen der hier durchgeführten Untersuchungen ein anderer Aspekt der Vorerfahrung im Vordergrund steht, nämlich konzeptionelle Eigenschaften der „inneren Referenz" im Sinne eines Systems mehrerer Wahrnehmungsobjekte. Wir werden dies in Abschn. 1.4 und 2.5 genauer betrachten.

Während der erste Punkt nach der Beschaffenheit der Vorerfahrung fragt, zielt der zweite Punkt auf ihre Allgemeingültigkeit: Es genügt hier nicht, dass jedes befragte Subjekt für sich allein eine präzise (und u. U. vorhersagbare) Referenz der Messung besitzt, sondern dass diese Referenz interindividuell vergleichbar ist. Wenn wir an dieser Stelle also die Frage stellen, wie „objektiv" ein Plausibilitätsurteil ist, betrachten wir hier Objektivität im Sinne von Blauert (2006) als das Maß an Übereinstimmung unterschiedlicher Beobachter hinsichtlich des Wahrgenommenen.

Aus messtechnischer Sicht können wir somit die Fragestellung genauer fassen: Ausgehend von obiger Definition liegt unser Fokus auf einer objektiven (hier: interindividuell gültigen) Beschreibung der Referenz der Messung. Wie können wir diese (innere) Referenz als Wahrnehmungsobjekt allgemein beschreiben, um darauf aufbauend den Messprozess abzubilden?[3]

Im folgenden Abschnitt werden dazu zunächst einige existierende methodische Ansätze zur Beschreibung perzeptiver Messungen im Allgemeinen und perzeptiver Qualitätsbewertungsprozesse im Besonderen betrachtet.

1.3 Messung und Messgrößen

Wir haben in der Einleitung gesehen, dass der Begriff der Referenz ein zentrales Problem bei der Beschreibung des Wahrnehmungs- und Messprozesses darstellt, der der „Plausibilität von Schallereignissen" zugrunde liegt. In diesem Kapitel werden nun verschiedene Wahrnehmungsprozesse im Sinne einer Messung charakterisiert und die dem Prozess jeweils zugrunde liegende Referenz genauer beleuchtet.

In der Psychoakustik ist man in der Regel daran interessiert, wahrnehmungsbezogenen Messwerte (perzeptive Größen) zu instrumentellen Messwerten in Relation setzen zu können, um nach eingehender Untersuchung und Modellierung des Wahrnehmungsprozesses die perzeptive Größe ohne Befragung von Probanden mit Hilfe des instrumentellen Messwerts vorherzusagen. Ein Beispiel dafür ist die wahrgenommene Lautheit in Abhängigkeit von Schallpegel und Bandbreite des Signals. Abbildung 1.1 veranschaulicht dies in Anlehnung an Blauert (1997). Das auditorische System erzeugt zunächst ein Wahrnehmungsobjekt h_i am Ausgang 1, wobei dieses nur bei introspektiven Experimenten (Selbstversuch) direkt beobachtbar ist. Normalerweise stehen dem Experimentator instrumentelle Messwerte sowie die verbalen Antworten, Verhaltensdaten oder auch physiologischen Messwerte des Probanden zur Verfügung. Diese werden generiert durch ein beschreibendes System, das als Messgerät für die Abbildung von Eigenschaften des Wahrnehmungsobjekts aufgefasst wird. Das Normal dieser Messung ist in Abb. 1.1 im Block r („Referenz") als Eingangsgröße zum Messgerät dargestellt, wobei hier zunächst offengelassen wird, wie dieses Normal entsteht.

[3] Vgl. a. Ausführungen zu perzeptiven Urteilen in Abschn. 1.3.2 sowie zu Messgrößen der Präsenzforschung in Abschn. 1.3.3.

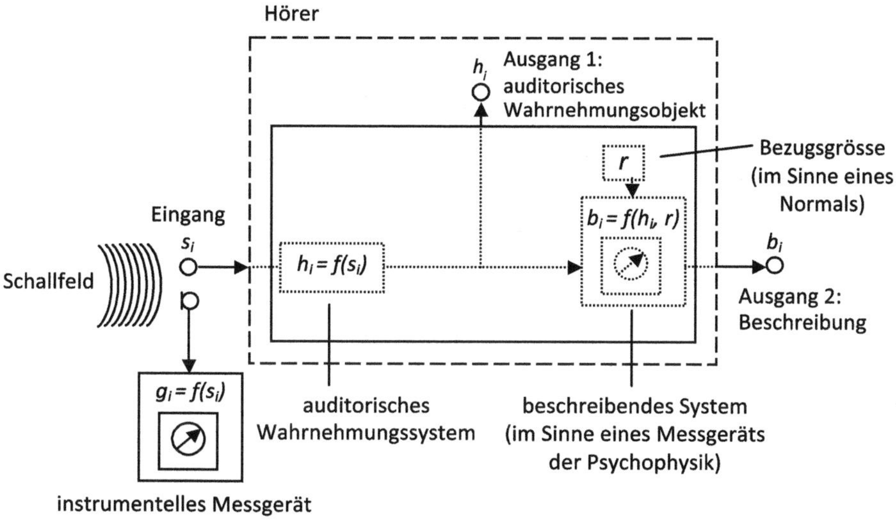

Abb. 1.1 Prozesse sensorischer Größen. Das Schallfeld am Eingang wird zunächst über die Funktion $f(s_i)$ in ein auditorisches Wahrnehmungsobjekt gewandelt. Dieses ist direkt nur introspektiv beobachtbar. Für den außenstehenden Beobachter ist es mittelbar über die Beschreibung b_i am Ausgang 2 zugänglich. (In Anlehnung an Blauert 1997)

Hinsichtlich des Abbildungsprozesses ist es genauer gesagt notwendig, dass wir es mit einer homomorphen Abbildung zu tun haben, bei der die Eigenschaften des Wahrnehmungsobjekts eindeutig durch ein numerisches Relativ repräsentiert werden (Luce und Suppes 2002; Orth 1983; vgl. a. DIN 1319). Für die Vergleichbarkeit der Messung zweier Messgeräte (Probanden) ist es darüber hinaus notwendig, dass die abbildende Funktion $f_{(h,\ r)}$ für beide Messgeräte gleiche Eigenschaften besitzt[4]. Für unsere Betrachtung hinsichtlich der Referenz der Messung ist es zunächst nicht relevant, wie diese Repräsentation (Messwertausprägung und Skalenniveau) schließlich genau beschaffen ist. Interessanter ist hier vielmehr die Frage, wie in perzeptiven Messungen das Normal des Messgeräts beschaffen ist. Dieser Punkt wird nach dem Kenntnisstand des Autors in der Literatur bislang kaum diskutiert.

Um nun die Referenz zu charakterisieren, die perzeptiven Messungen zugrunde liegt, differenzieren wir zunächst verschiedene Arten perzeptiver Untersuchungen anhand Systematisierungen anderer Autoren. Eine Übersicht über Klassen von Messgrößen in perzeptiven Untersuchungen geben Bech und Zacharov (2006), Blauert und Jekosch (1997), Jekosch (2004), Schubert et al. (2001) und Lessiter

[4] Um das Antwortverhalten von Probanden experimentell zu analysieren, existieren einzelne Untersuchungsmethoden, mit denen zwischen Reizausprägung und Antwortneigung differenziert werden kann – beispielsweise mit Hilfe von Signalentdeckungsexperimenten. An dieser Stelle wird auf zunächst eine Diskussion von Antwortneigungen verzichtet, da wir uns im Folgenden mit der Beschaffenheit der Referenz befassen werden. In Abschn 1.3.3, und 3.2.4 werden wir jedoch auf einzelne Aspekte dazu zurückkommen.

et al. (2000). Demnach lassen sich Messgrößen im Hinblick auf die Referenz der Messung in drei Gruppen strukturieren:

- Größen perzeptiver (sensorischer) Messungen, die verbale und physiologische Antworten des Probanden beinhalten und die es erlauben, funktionale Modelle des menschlichen Hörens zu entwickeln. Zu dieser Gruppe zählen Messgrößen wie z. B. Lautheit, Klangfarbe, Lokalisation aber auch Ergebnisse aus Signalentdeckungsexperimenten. Bech und Zacharov (2006) geben hierzu eine ausführliche Übersicht verschiedener Methoden, semantischer Differenziale und Skalen, die für derartige Untersuchungen nach dem Stand der Forschung zur Verfügung stehen. Wir betrachten diese Gruppe von Messgrößen genauer in Abschn. 1.3.1. Als Arbeitsdefinition im Rahmen der hier vorliegenden Untersuchung bezeichnen wir den Bereich dieser Messgrößen als *sensorische Ebene.*
- Eine weitere Gruppe bilden Messgrößen, die die Erwartungshaltung des Hörers berücksichtigen. Bech und Zacharov (2006) sprechen von affektiven Messgrößen und meinen hiermit Präferenzurteile, die u. a. die emotionale Befindlichkeit des Probanden einbeziehen. Blauert und Jekosch (1997) und Jekosch (2004) stellen einen Zusammenhang zwischen solchen Messgrößen und Prinzipien der Qualitätsmessung nach DIN 55350 her, in denen die Eignung eines Untersuchungsobjekts untersucht wird, vorausgesetzte Anforderungen zu erfüllen. In diesem Fall haben wir es also mit einer speziellen Form der Messung, nämlich einer Qualitätsprüfung zu tun.[5] Wir betrachten diese Gruppe von Messgrößen genauer in Abschn. 1.3.2. Als Arbeitsdefinition im Rahmen der hier vorliegenden Untersuchung bezeichnen wir den Bereich dieser Messgrößen als *beurteilende Ebene.*
- In der Literatur z. B. zur Präsenz- und zur Emotionsforschung finden wir ferner eine weitere Gruppe von Messgrößen, die die Selbstwahrnehmung des Probanden in einer virtuellen Umgebung charakterisieren. Ein typisches Beispiel hierfür wäre die Messgröße der Präsenz im Sinne des „an einen anderen Ort versetzt sein“: Der Proband soll bewerten, wie er sich selbst in der Umgebung wahrnimmt und orientiert. Eine Zusammenstellung derartiger Messgrößen finden sich z. B. in Schubert et al. (2001), Lessiter et al. (2000), Juslin und Sloboda (2001) und Lewis et al. (2008). Auf den ersten Blick handelt es sich bei dieser Messung um eine spezielle Form des Urteils, wobei sich jedoch das Messobjekt gewandelt hat: Hier werden nicht Messdaten über ein Wahrnehmungsobjekt gesammelt, das sich unmittelbar auf ein externes Objekt der Umwelt bezieht, sondern es werden Messgrößen erhoben, die sich auf den Probanden selbst beziehen. Wir betrachten diese Gruppe von Messgrößen genauer in Abschn. 1.3.3. Als Arbeitsdefinition im Rahmen der hier vorliegenden Untersuchung bezeichnen wir den Bereich dieser Messgrößen als *propriozeptive Ebene.*

Offensichtlich stehen diese drei Gruppen von Messgrößen zueinander in Beziehung (Abb. 1.2): Eine Qualitätsmessung (beurteilende Ebene) wird durch Wahrnehmungsobjekte beeinflusst, welche sich durch Messgrößen der sensorischen Ebene

[5] Vgl. hierzu auch DIN 1319-1:1995-01, S. 6, Ziffer 2.1.4: „Prüfung“.

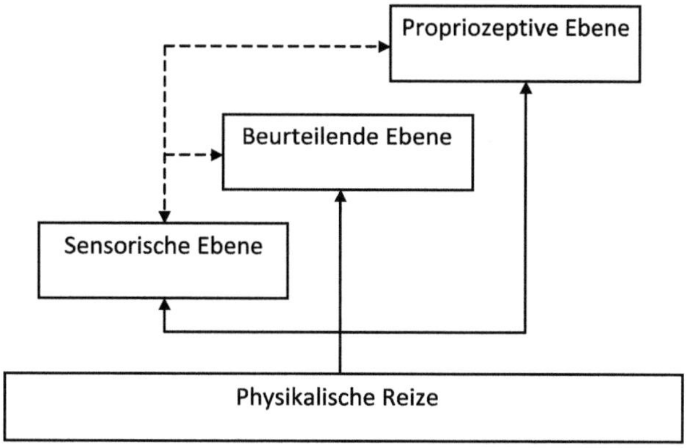

Abb. 1.2 Wahrnehmungsgrößen im Überblick. Reize werden auf drei verschiedenen Ebenen beurteilt, deren Wahrnehmungsprozesse untereinander in Beziehung stehen

beschreiben lassen. Ein Urteil auf der propriozeptiven Ebene setzt voraus, dass wir in unserer Wahrnehmung in der Lage sind, zwischen der Beurteilung externer Objekte und der Selbstwahrnehmung innerhalb einer Umwelt zu unterscheiden.

Die folgenden Abschnitte dieses Kapitels betrachten diese Ebenen perzeptiver Messprozesse im Einzelnen.

1.3.1 Sensorische Ebene

Gemäß den oben dargestellten Arbeitsdefinitionen charakterisieren Messgrößen der sensorischen Ebene die funktionale Beschaffenheit der menschlichen Wahrnehmung. Wie Abb. 1.1 veranschaulicht, betrachten wir einen Prozess, bei dem wir die funktionale Beziehung zwischen einem instrumentellen Messwert und einer perzeptiven Größe zur Beschreibung eines Wahrnehmungsereignisses heranziehen. Durch instrumentelle Messung ermittelte physikalische Parameter wie z. B. Pegel, Frequenz, Dauer oder Modulationsgrad werden damit auf Parameter abgebildet, die dem menschlichen Hören entsprechen. Die resultierende sogenannte psychometrische Funktion liefert also eine Messgröße, mit der eine einzelne Empfindung unabhängig von anderen Empfindungen beurteilt werden kann. Der Homomorphismus der Abbildung ist hierbei zunächst durch den Wahrnehmungsapparat gegeben (vgl. Blauert 1997; Fastl und Zwicker 2007). Das absolute Ergebnis wird in erster Linie durch physiologische Eigenschaften des menschlichen Hörorgans beeinflusst: Ein Beispiel hierfür wäre eine Untersuchung zur Ruhehörschwelle, die z. B. mit Hilfe eines Signalentdeckungsexperiments bestimmt wird. Jedoch kann das absolute Ergebnis durchaus auch von einer Referenz beeinflusst werden, die der Experimentator vorgibt. Wenn man beispielsweise einen Probanden in einem Paarvergleichsexperiment auffordert, die Klangfarbe eines Lautsprechers auf einer 5-stufigen Skala von „hell" bis „dunkel" zu bewerten, wird das Urteil von dem Umstand beeinflusst werden, welche Vergleichswerte dem Probanden dargeboten werden: Besitzt der Vergleichslautsprecher eine dunklere Klangfarbe als der zu bewertende Lautsprecher, wird das Urteil des Probanden eher Richtung „hell" tendieren als im umgekehrten Fall. Ändern wir also zwischen zwei Messungen den Vergleichslautsprecher, sind beide Abbildungen zwar für sich allein gültig, zueinander aber nicht mehr homomorph. Daneben lässt sich auch die Antwortneigung des Probanden (z. B. in einem Signalentdeckungsexperiment) in gewissen Grenzen durch den Experimentator kontrollieren.

Typischerweise zeigen physiologische Eigenschaften des Ohres nur sehr langfristige Änderungen mit dem Alter der Probanden (beispielsweise hinsichtlich der Wahrnehmungsfähigkeit für Frequenzen am oberen Ende des hörbaren Spektrums) und im Vergleich z. B. zu Qualitätsurteilen, die wir weiter unten betrachten werden, eine relativ geringe Streuung. Wie wir jedoch am Beispiel der Klangfarbenbewertung sehen, ist das Urteilsverhalten auch auf der sensorischen Ebene durchaus von den Umweltbedingungen abhängig. Aus experimenteller Sicht sind diese Bedingungen aber vergleichsweise einfach zu kontrollieren, da die Wahrnehmungsobjekte, die dem Probanden als Referenz dargeboten werden (hier: die Klangfarbe des Vergleichslautsprechers), mit externen Objekten assoziiert sind (hier: dem Vergleichslautsprecher) und daher durch den Experimentator beeinflusst werden können.

Für Messgrößen auf der sensorischen Ebene lässt sich also festhalten, dass Referenzen im Sinne eines Wahrnehmungsobjekts durch einen Wahrnehmungsprozess stimuliert werden. Da dieser Wahrnehmungsprozess nur eine sehr geringe Gedächtnisleistung beansprucht (im Paarvergleich werden die Stimuli üblicherweise unmittelbar hintereinander dargeboten), kann man näherungsweise davon sprechen, dass die Referenz für Experimente auf der sensorischen Ebene vollständig durch Umweltbedingungen beeinflusst werden kann.

Es lässt sich feststellen, dass die Referenz zur Beurteilung von Plausibilität offenbar andere Eigenschaften aufweist: Wenn wir in praktischen Anwendungen die Plausibilität einer elektroakustischen Wiedergabe subjektiv bewerten, ist die Referenz, nach der wir Plausibilität ermessen, in den seltensten Fällen als konkretes Objekt der Umwelt vorhanden. Man denke beispielsweise an die Darbietung einer CD über die Stereoanlage eines Wohnzimmers: Der Konzertsaal, der hier simuliert wird, ist – wenn er überhaupt als Bauwerk existiert – nur selten so unmittelbar verfügbar, dass wir einen direkten Vergleich anstellen könnten. Eventuell könnte noch ein ähnlicher Raum in erreichbarer Nähe als Vergleich dienen, der aber in seinen akustischen Eigenschaften sicher nicht vollkommen identisch ist mit dem, was uns über die CD dargeboten werden soll. Ähnliche Beispiele ließen sich für andere Anwendungsfälle finden. Im Rahmen der hier durchgeführten Betrachtungen treten daher Messgrößen der sensorischen Ebene eher in den Hintergrund.

1.3.2 Beurteilende Ebene

Messgrößen der beurteilenden Ebene werden mit dem Ziel eingesetzt, Aussagen zu erheben, die die Vorerfahrung, den kulturellen Hintergrund oder den emotionalen Zustand des Befragten einschließen. Bech und Zacharov (2006) sprechen von Messgrößen, die einen Gesamtmesswert erheben sollen und für die daher angenommen wird, dass der Befragte ein integrales Urteil fällt. Der Proband kombiniert also verschiedene Eigenschaften von Wahrnehmungsobjekten, Erwartungen, emotionaler Befindlichkeit usw. zu einem Gesamturteil, das z. B. als Einzahlkennwert erhoben wird. Typische Messgrößen sind die Zufriedenheit mit einem Produkt, die Sportlichkeit eines Fahrzeugs oder die Angemessenheit von Klingeltönen für ein Handy. Auch die „basic audio quality" (BAQ), die nach ITU-R Standard (ITU-R BS. 1116-1) für Audiodaten-Kompressionsverfahren erhoben wird, ist ein Beispiel für solche Messgrößen: Sie ist definiert als „*globale Eigenschaft, die alle wahrgenommenen Unterschiede zwischen einer Referenz und dem Objekt beurteilt*".[6]

Zwei Typen von Urteilen sind in diesem Zusammenhang für die Einordnung von Plausibilität in den Kontext anderer perzeptiver Messgrößen von inhaltlicher Bedeutung: Zum einen ästhetische Urteile (Geschmacksurteile), die insbesondere im Hinblick auf die Beschaffenheit der Urteilsreferenz hier interessant sind. Zum anderen Messgrößen der perzeptiven Qualitätsmessung, wie sie beispielsweise bei der Prüfung von Produkten verwendet werden, da für diese Messgrößen bereits von anderen Autoren umfangreiche Systematiken entwickelt wurden. Wir wenden uns zunächst den ästhetischen Urteilen zu.

Urteile über ästhetische Fragen oder Geschmacksurteile sind an dieser Stelle von Interesse, da sich an diesen Urteilen beispielhaft Analogien zur Plausibilitätsbewertung darstellen lassen – insbesondere bezüglich der Referenz des Urteils. Die Frage, ob beispielsweise eine bestimmte Darbietung einer Klaviersonate L. v. Beethovens eine „angemessene Interpretation" des Werks ist, wird offensichtlich erheblich vom musikalischen Vorwissen des Wahrnehmenden, vom Zeitgeist, etc. beeinflusst. Das Urteil wird hier nicht durch Vergleich mit *einer* anderen konkreten Darbietung gefällt, die als Referenz herangezogen wird, sondern bezieht auf ein abstraktes Verständnis anderer Darbietungen und Interpretationen. Diese Vorerfahrung ist also offensichtlich nicht auf ein einzelnes Objekt bezogen, sondern fügt mehrere Objekte zum konzeptionellen Verständnis einer „angemessenen Interpretation" zusammen. Hierin liegt ein wesentlicher Unterschied zur klassischen Messtechnik, in der die Referenz der Messung (z. B. zur Bestimmung des Pegels in einem Audio-Pegelmessgerät) als Einzahlkennwert benennbar und formalisierbar ist. Wie wir bereits an den Beispielen der Einleitung gesehen haben, spielt die Vorerfahrung auch für Plausibilitätsurteile eine bedeutende Rolle, denn das Urteil bezieht sich u. U. auf eine Vielzahl von Wahrnehmungsobjekten, die dem Urteilenden in der Erinnerung zur Verfügung stehen und an denen die „Stimmigkeit" beurteilt wird. Wenn wir also Plausibilitätsurteile und die ihnen zugrundeliegende Referenz der Messung genauer beschreiben wollen, müssen wir diese Eigenschaften der Referenz als Zusammensetzung mehrerer Wahrnehmungsobjekte der Vorerfahrung genauer erfassen. Wir werden im weiteren Verlauf dieses Abschnitts auf diese Frage zurückkommen.

In der Praxis spielt eine weitere Form von Urteilsprozessen eine wichtige Rolle, die wir hier näher betrachten wollen: Perzeptive Qualitätsprüfungen, beispielsweise in der akustischen Bewertung von Produkten. Wir betrachten diese Messgrößen im

[6] Nach ITU-R BS. 1116-1, 1997, Übersetzung des Autors.

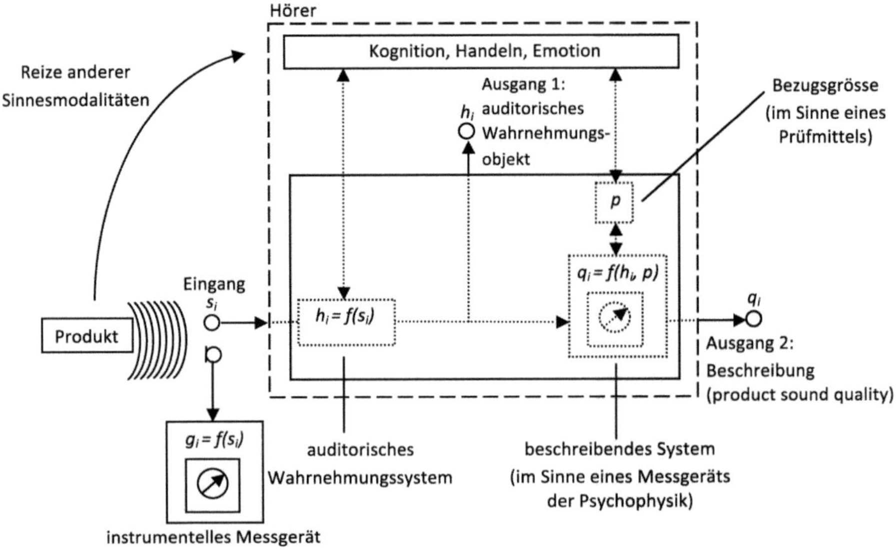

Abb. 1.3 Prozesse beurteilender Größen. Die relevanten top-down-Prozesse werden hier summarisch im Block „Kognition, Handeln, Emotion" zusammengefasst. (In Anlehnung an Blauert und Jekosch 1997)

Folgenden genauer, da entsprechende Konzepte anderer Autoren einige weiterführende Erörterungen zum Begriff der Plausibilität ermöglichen. Außerdem wurden in diesem Zusammenhang durch andere Autoren wichtige Systematiken im Hinblick auf Engineering-Prozesse von Produkten veröffentlicht.

Blauert und Jekosch (1997) und Jekosch (2004) führen perzeptive Qualitätsmessgrößen auf Qualitätsprüfungsprozesse nach DIN 55350 zurück. Dort wird Qualität definiert als „*Beschaffenheit einer Einheit bezüglich ihrer Eignung, festgelegte und vorausgesetzte Erfordernisse zu erfüllen.*"[7] Dies geschieht, indem die Gesamtheit der untersuchten Merkmale[8] mit einem Erfordernis verglichen wird.

Der Messprozess, den wir weiter oben auf der sensorischen Ebene betrachtet haben, erfährt mit der Betrachtung der Qualität also eine Erweiterung, die ihn zu einem Prüfprozess macht. Abbildung 1.3 gibt die wichtigsten Elemente dieses Prozesses wieder.

Im Vergleich zu Abb. 1.1 fällt zunächst auf, dass das Schallfeld von einer definierten Quelle stammt, die hier mit „Produkt" bezeichnet ist. Durch Ergänzung des Wahrnehmungsprozesses um den Block, der summarisch „Kognition, Handeln und Emotionen" zusammenfasst, wurde das psychoakustische Messgerät um eine Instanz ergänzt, die in den Messprozess vorausgesetzte Erfordernisse einbringt, so dass wir nun von einem Urteil oder einem Prüfwert sprechen können. Die Bezugsgröße der Messung wird somit zu einem Prüfmittel, und das Messergebnis bezeich-

[7] DIN 55350, Teil 11, Nr. 5.

[8] DIN 55350, Teil 11, Nr. 2.

net die Qualität des dem Produkt zugeordneten Schallereignisses („*product sound quality*")[9]. Die bidirektionalen Verbindungen zwischen den Blöcken des Wahrnehmungsprozesses und dem Block „Kognition, Handeln und Emotion" weisen auf das Problem hin, das hier untersucht wird: Das Vergleichsnormal, die Referenz der Messung, wirkt nicht nur auf das Urteilsverhalten. Es ist Teil eines Transformationsprozesses, der von der Wahrnehmung und vom Urteil beeinflusst wird. Zudem ist auch der Wahrnehmungsprozess selbst nicht konstant, sondern wird aktiv vom Hörer gesteuert: Diese sogen. „*top-down*"-Prozesse, bei denen die Wahrnehmung durch Erwartungshaltung, Vorerfahrung, emotionale Befindlichkeit des Wahrnehmenden, etc. beeinflusst wird, wurden von anderen Autoren insbesondere für die Text- und Sprachwahrnehmung, aber auch beispielsweise für Musikwahrnehmung untersucht (z. B. Bregman 1990; Goodman und Goodman 1994; Ellis 1996a). Während Messgrößen auf der sensorischen Ebene also ein behaviorales Modell zugrunde liegt („*bottom-up*": Das Perzept wird durch den Stimulus bestimmt), haben wir es hier mit einem komplexeren Prozess zu tun: Die Referenz der Messung ist ein Wahrnehmungsobjekt, das nicht nur durch einen Wahrnehmungsprozess stimuliert, sondern auch von internen Prozessen des Hörers (*top-down*) beeinflusst wird. Kapitel 2 wird auf diesen Punkt ausführlich eingehen.

Zunächst stellen wir hier fest, dass der Mess- und Urteilsprozess, wie er im strengen Sinne definiert ist[10], nur für zeitkonstante Normale und Prüfmittel gültig ist. Wenn wir es also aufgrund messgerätinterner Prozesse mit einem veränderlichen Normal zu tun haben, müssen wir dieses Verhalten über die Zeit qualitativ und quantitativ beschreiben können, um aus den Einzelergebnissen zu einen homomorphen Abbildung zu gelangen.

Wir betrachten nun Qualitätsmessgrößen genauer, um ihre Systematik im Vergleich zum Mess- und Wahrnehmungsprozess von Plausibilität zu diskutieren: Verschiedene Autoren haben den im vorangegangenen Abschnitt betrachteten Prozess der Qualitätsmessung auf perzeptive Anwendungen übertragen. Mit einer solchen Systematik ist es möglich, wahrgenommene qualitätsrelevante Merkmale mit physikalischen Eigenschaften des zu testenden Produkts im Rahmen eines technischen Implementierungsprozesses in Beziehung zu setzen. Es sei hier jedoch bereits angemerkt, dass diese Veröffentlichungen nach dem Kenntnisstand des Autors in ihren quantifizierenden Betrachtungen ausschließlich von einem Kontext ausgehen, in dem die Referenz der Messung als konstant betrachten werden darf, und nicht durch *top-down*-Prozesse zeitvariant beeinflusst wird. Die nachfolgenden Ausführungen zum Stand der Forschung sind daher weniger für die empirische Systematik der hier dargestellten Untersuchungen relevant als vielmehr für ihre langfristige Aus-

[9] An dieser Stelle ist es auch möglich, den Prüfprozess als ein zweistufiges Verfahren aus dem zuvor beschriebenen Messprozess zu entwickeln: Zunächst wird in einem Messprozess auf der Basis eines Normals ein Messwert ermittelt, der anschließend in einem Prüfprozess mit einem Erfordernis verglichen wird, um zum Qualitätsprüfungsergebnis zu gelangen. Diese genauere Betrachtung ist jedoch für die nachfolgend beschriebene Systematik nicht von Bedeutung, so dass es hier hinreichend ist, von der Definition nach DIN 1319, Abschn. 1.1.4 Gebrauch zu machen und den Prüfprozess in einer einstufigen Messung zusammenzufassen.

[10] Vgl. DIN 1319-1.

richtung: Wenn wir Plausibilität messtechnisch (d. h. als Urteil) beschreiben wollen, so ist dies aus Sicht des Ingenieurs dann sinnvoll, wenn wir diese Beschreibung zur Kontrolle und idealerweise zur Optimierung von Plausibilität in einem elektroakustischen Wiedergabesystem nutzen können.

Hier ist daher das Ziel, zunächst geeignete Formen für Beschreibungen der Plausibilitätsbeurteilungsprozesse und der Referenz zu finden und diese zu überprüfen, so dass man mit Hilfe solcher Beschreibungen in Zukunft zu einer qualitativen und quantitativen Modellierung des Wahrnehmungsprozesses und seines zeitlichen Verhaltens gelangen kann.[11] Wir werden in Kap. 2 sehen, dass auf dem Weg dorthin eine Reihe von Hürden hinsichtlich der Systematik und der Form der Beschreibung für die Referenz der Messung zu überwinden sind. Diese Hürden sind zum einen mit dem Stand der Forschung hinsichtlich Prozessen des Lernens, Strukturierens und Vergessens verbunden. Zum anderen sind sie auch mit methodischen Problemen verknüpft, auf die wir treffen, wenn wir solche Modelle im Sinne mentaler Repräsentationen entwickelt wollen. Wir beschäftigen uns hier daher weniger mit der konkreten Messung von Plausibilität als vielmehr mit der formalen Beschreibung der Messgröße.

Einen Überblick über die Systematik perzeptiver Qualitätsmessungen im Audiobereich geben Blauert und Jekosch (1997), Pellegrini (2001a), Bech und Zacharov (2006), Jekosch (2004, 2005a, b) und Möller (2005). Jekosch (2005b) stellt zunächst in Bezug auf die oben zitierte DIN-Norm fest, dass deren Definitionen zwar grundsätzlich für die Beschreibung perzeptiver Qualitätsbeurteilungsprozesse geeignet sind, dass sie jedoch bezüglich der Qualitätsmerkmale keine Aussage darüber trifft, wie diese Merkmale ausgewählt und beschrieben werden. Hier liegt auch für unsere Untersuchungen der zentrale Punkt, wenn wir uns damit befassen wollen, auf welche Weise der menschliche Wahrnehmungsprozess zu einem Urteil gelangt. Auch der Begriff „Qualität" lässt einige Fragen offen: Wie wird festgelegt, welche Merkmale für die Qualität relevant sind? Wie wird das Vergleichsnormal der Prüfung spezifiziert?

Um nun der Auswahl relevanter Qualitätsmerkmale im perzeptiven Prozess gerecht zu werden, definiert Jekosch (2000) in Anlehnung an DIN 55350 das Merkmal als „*erkannte und benennbare Eigenschaft*"[12] des untersuchten Produkts. (vgl. auch Jekosch 2005b). Dementsprechend wird auch die Definition von Qualität für perzeptive Zwecke angepasst: Qualität ist das „*Ergebnis der Beurteilung der wahrgenommenen Beschaffenheit einer Einheit im Hinblick auf die erwünschte Beschaffenheit.*"[13]

Qualitätsmerkmale sind also wahrgenommene qualitätsrelevante Eigenschaften eines Produkts oder eines Systems. Demgegenüber definiert Jekosch (2000) die entsprechenden physikalischen Eigenschaften des Systems als „Qualitätselemente". Möller (2005) führt dazu aus, dass Qualitätselemente eines Systems messtechnisch

---

[11] Die Betrachtung wird sich im Rahmen dieser Untersuchungen auf behaviorale Zusammenhänge der Wahrnehmung beschränken. Neurophysiologische Betrachtungen werden nicht durchgeführt.

[12] Jekosch (2000, S. 20).

[13] Jekosch (2000, S. 20).

instrumentell erfassbar sind und insofern vom Designer des Systems *unmittelbar* gemessen und beeinflusst werden können. Qualitätsmerkmale hingegen sind Objekte der Wahrnehmung, die beispielsweise in Hörversuchen qualitativ und quantitativ bestimmt werden und damit die perzeptive Seite des Qualitätsbegriffs berühren. Diese Systematik gewinnt für die Gestaltung von Systemen dann an Bedeutung, wenn wir in der Lage sind, die Gewichtung der verschiedenen Qualitätsmerkmale für das Gesamtqualitätsurteil zu erfassen und diese in Beziehung zu physikalischen Eigenschaften des Systems, d. h. zu Qualitätselementen, zu setzen. Auf diese Weise entsteht aufgrund der Erwartungshaltung des Benutzers eine Auswahl an Merkmalen, die für das Gesamtqualitätsurteil relevant sind und die uns Hinweise liefern, welche entsprechenden Qualitätselemente bei der technischen Gestaltung des Systems berücksichtigt werden sollten.

Solche Klassifizierungen qualitätsbeeinflussender Parameter, sogenannte Taxonomien, wurden von verschiedenen Autoren für unterschiedliche Zwecke entwickelt. Im Audiobereich finden sich hierfür Beispiele für räumliche Tonwiedergabe (Jot 1992; Pellegrini 2001b), Sprachübertragung (Möller 2005) oder Audiokodierung (Faller 2006). Einen Überblick geben Blauert (1997), Jekosch (2005a) und Pellegrini (2001a). Möller (2005) untersucht beispielsweise mit Hilfe der oben genannten Begriffsbildung die wahrgenommene Qualität von Sprachdialogsystemen. Er beginnt dazu aus dem Blickwinkel des Benutzers und geht über eine Analyse der relevanten Qualitätsmerkmale (wie z. B. Sprachqualität oder *task efficiency*) zu den entsprechenden Systemeigenschaften (z. B. Störgeräusch, technische Parameter des Übertragungskanals) und wieder zurück zum Benutzer und zur Zufriedenheit mit dem System. Seine Taxonomie endet schließlich mit der Annehmbarkeit (*acceptability*) des Systems, die als perzeptive Größe die zukünftige Benutzung des System im Sinne einer Kundenbindung stimulieren soll. Möller (2005) argumentiert, dass dieser Ansatz, der zunächst mit der Modellierung einzelner Qualitätsmerkmale auf lokaler Ebene beginnt und anschließend Beziehungen zwischen diesen Merkmalen entwickelt, zu generischeren Lösungen führt als ein global-funktional orientierter Ansatz, der komplexe Qualitätskriterien ausschließlich innerhalb eines eng definierten Kontexts betrachtet. Zwar lässt sich in der Praxis der Parameter *acceptability* selten als allgemeingültiger Einzahlkennwert beschreiben, da man sich bei der Modellierung der relevanten Parameter meist aus praktischen Gründen auf gewisse kontextuelle Rahmenbindungen zurückziehen muss, um die Komplexität des Modells in Grenzen zu halten. Nichtsdestoweniger erlauben derartige Modelle innerhalb dieses Rahmens eine differenzierte perzeptiv-orientierte Betrachtung von Qualität und der im Entwicklungsprozess relevanten physikalischen Eigenschaften des Systems. Ausgehend vom Standpunkt des Ingenieurs bedarf dieser Ansatz eines Abwägens zwischen universeller Anwendbarkeit, multi-parametrischer Optimierung und Implementierungszeit. Insofern ist die Entwicklung mehr oder weniger generischer Modelle eher eine praktische denn eine wissenschaftliche Frage.

Bei der Entwicklung elektroakustischer Virtueller Umgebungen (VU) führt dieser Ansatz beispielsweise dazu, dass sich der Fokus bei der Implementierung verschiebt: Es geht nicht mehr um die authentischen Simulation (im Sinne der Begriffsbildung zu Beginn dieses Kapitels) in all ihren Details, sondern um eine bestmögliche Simulation, die sich im Rahmen der jeweiligen technischen Machbarkeit (beispielsweise aufgrund begrenzter Rechenkapazitäten) auf die wichtigsten Qualitätselemente beschränkt (Pellegrini 2001a). Aus Sicht des Ingenieurs erhöht ein solcher Ansatz damit die Effizienz des Entwicklungsprozesses, da er eine Bemessungsgrundlage schafft, mit der aus Sicht des Benutzers relevante technische Eigenschaften von weniger relevanten unterschieden werden können. Solche Entwicklungsziele sind anwendungsabhängig und müssen innerhalb eines jeweiligen Kontexts fixiert werden.

Eine VU, die mit diesem Blick auf Qualität entwickelt wurde, wird also ohne weiteres von einem möglichen realen Äquivalent unterscheidbar sein, jedoch diesem Äquivalent mehr oder weniger plausibel entsprechen. Hierin zeigt sich, dass auch Plausibilität durchaus graduelle Abstufungen erfahren kann, im Gegensatz zum absoluten Begriff der Authentizität.

Zusammenfassend lässt sich feststellen, dass der Qualitätsbegriff auf beurteilender Ebene durch drei Gruppen von Parametern beschreiben werden kann[14]:

- Qualitätselemente, die physikalische Eigenschaften (z. B. des Wiedergabesystems oder des Schallfelds) beschreiben
- Qualitätsmerkmale, die die perzeptive Größen beschreiben, welche für die Qualitätsbewertung relevant sind
- Referenzgrößen (im Sinne eines Wahrnehmungsobjekts), die innerhalb des Wahrnehmungsprozesses für die Abbildung der Qualitätselemente auf Qualitätsmerkmale entscheidend sind.

Man beachte an dieser Stelle, dass keiner der drei Begriffe allein für eine sinnvolle Definition von Qualität im perzeptiven Sinne ausreichend ist. Erst durch die Beschreibung der Zusammenhänge zwischen Qualitätselementen, Qualitätsmerkmalen und Referenzgrößen wird der Begriff Qualität sinnvoll, wobei die Referenzgrößen in den bisher zitierten Untersuchungen in der Regel innerhalb eines spezifizierten Kontexts als konstant angenommen werden. Nach dem Kenntnisstand des Autors fokussieren sich daher bisherige Veröffentlichungen auf eine Betrachtung von Qualitätselementen und -merkmalen, wenngleich Referenzgrößen im Sinne einer Erwartungshaltung jeweils implizit in den Messprozess einfließen. Zwar ist damit der perzeptive Qualitätsbegriff zunächst dualistisch geprägt, ebenso wie bei instrumentell bestimmten Qualitätsgrößen – nämlich durch die Bewertung eines (perzeptiven) Messwerts vor dem Hintergrund eines Sollwerts. Das empirische Vorgehen perzeptiver Untersuchungen sowie der Umstand, dass wir aus Sicht des Ingenieurs meist Rückschlüsse auf das schallgenerierende System ziehen möchten, bedingen jedoch, dass neben diesen perzeptiven Mess- und Sollwerten physikalische

[14] Die hier dargestellte Differenzierung von Qualitätsmerkmalen und Referenzgrößen wird aus Sicht des Autors in der Literatur oftmals nicht vorgenommen, weil Eigenschaften beider Parameter (Qualitätsmerkmal und Referenz) nur über dieselbe Art der experimentellen Beobachtung bestimmt werden können. Wir werden auf diesen Umstand und die experimentelle Unterscheidung beider Größen in den Kap. 3 und 4 zurückkommen.

Größen der Umwelt in die Betrachtung einfließen, um Qualität perzeptiv überhaupt zu beschreiben.

Die beispielhafte Betrachtung von Qualitäts- und Geschmacksurteilen zeigt, dass im für die eingangs formulierte Fragestellung das Problem weniger darin liegt, Plausibilität als Einzahlkennwert zu definieren und für einen bestimmten Anwendungszweck – der ohnehin den Rahmen für die „erwünschte Beschaffenheit“ vorgibt – zu messen. Vielmehr stellt sich die Frage nach einer sinnvollen Beschreibung dieser „erwünschten Beschaffenheit“, die der Begriff des Urteils und der damit verbundenen Referenz definitionsgemäß voraussetzt. Offenbar haben die Merkmale, die wir an einer elektroakustischen Wiedergabe untersuchen wollen, wenn wir uns mit Plausibilität befassen, weniger mit dem Inhalt selbst zu tun, als vielmehr mit der Form des Wahrnehmungsobjekts: Wir erkennen ohne weiteres die Violine, die uns aus dem Lautsprecher dargeboten wird, dennoch ist ihr akustisches Abbild in charakteristischer Weise so verändert, dass wir den Lautsprecher als solchen identifizieren können. Die Violine klingt eben nicht wie ein Musikinstrument, das wir aus der Alltagserfahrung kennen, sondern hat offenbar durch die mediale Reproduktion Merkmalsänderungen erfahren. Dabei ist „die Violine“, an der wir die Plausibilität der medialen Reproduktion messen, jedoch in der Regel nicht das Abbild einer *bestimmten* Violine der Umwelt, die wir bereits aus unserer Vorerfahrung kennen. Wir ermessen die Plausibilität an der Vielzahl möglicher Violinen, die wir bereits gehört haben (vgl. Begriffsdefinition in Abschn. 1.2).

Ohne tiefer in diese Überlegungen einzusteigen – dies wird in Kap. 2 geschehen – können wir bereits an dieser Stelle schlussfolgern, dass das Normal der Plausibilitätsmessung *nicht* im Sinne eines metrischen Systems formalisiert sein kann: Ein metrisch formalisiertes Normal findet sich im Audiobereich beispielsweise in der Pegelmessung, wenn die Aussteuerung eines aufgenommenen Signals anhand eines Zielwerts durch einen Einzahlkennwerts (Pegel in *dB*) bestimmt wird. Im Fall der Plausibilitätsbewertung beziehen wir uns jedoch nicht auf einen bestimmten, zeitlich eingegrenzten Wahrnehmungsprozess und ein klar damit verbundenes Wahrnehmungsobjekt, das als Normal dienen könnte. Offenbar führt die Summe der Vorerfahrungen – oder, um bei obigem Beispiel zu bleiben, die Summe aller Violinen der Vorerfahrung – zu einem konzeptionellen Wahrnehmungsobjekt, das uns Plausibilität bewerten lässt. Dieser Vorgang, bei dem wir durch Vorerfahrung, Erinnerung und inferente Zusammenhänge zwischen Wahrnehmungsobjekten ein Normal entwickeln – anders gesagt: eine „innere Referenz“ entwickeln – ereignet sich in erheblichem Maße unbewusst. Die „innere Referenz“ ist daher kein Wahrnehmungsobjekt, dessen perzeptive Merkmale durch Probanden verbal vollständig beschrieben werden können. Wäre dies der Fall, könnten wir die Gesamtheit dieser Merkmale auch jeweils direkt als Messgrößen formalisieren. Eine angemessene Beschreibung der „inneren Referenz“ hat aufgrund der inferenten Zusammenhänge innerhalb der Vorerfahrung offenbar eher systemische denn metrisch-formale Eigenschaften.

Die hier vorliegende Fragestellung ist also nicht nur ein auf den Plausibilitätsbeurteilungsprozess beschränktes Thema, sondern beinhaltet weiterführende Aspekte zu anderen Gebieten hin, in denen die Vorerfahrung des Hörers eine Rolle spielt –

beispielsweise in der Qualitätsbewertung. Ein naheliegendes Beispiel ist die Raumakustik, bei der die Eignung eines Raumes für eine Sprach- oder Musikdarbietung subjektiv bewertet wird. Zwar sind akustische Anforderungen an Räume heute weitegehend in Normen festgelegt (vgl. z. B. DIN 18041), jedoch zeigen historische und kontextuelle Betrachtungen, dass auch die diesen Normen zugrundeliegenden perzeptiven Qualitätsbewertungen durchaus Änderungen unterworfen sind (Weinzierl 2002).

Die bisherigen Ausführungen zur Formalisierung der Referenz werden in Kap. 4 vertieft werden. Nachdem wir nun die Eigenschaften von Referenzen im Messprozess anhand von Größen der sensorischen und beurteilenden Ebene diskutiert haben, wenden wir uns zum Abschluss dieser grundlegenden Betrachtung zum Begriff der „Referenz" einem dritten Bereich zu: den Messgrößen auf der propriozeptiven Ebene.

1.3.3 Propriozeptive Ebene

Messgrößen der propriozeptiven Ebene werden eingesetzt, um die Selbstwahrnehmung eines Befragten, z. B. in einer Virtuellen Umgebung (VU) zu erheben. Beispiele hierfür sind die Präsenz in einer VU im Sinne des „an den virtuellen Ort versetzt sein", aber auch Messgrößen bezüglich des aktiven Verhaltens des Benutzers, beispielsweise hinsichtlich der Aufmerksamkeit, die er der Bedienung eines technischen Geräts oder dem Geschehen in einer VU widmet. Auch Messgrößen, die eine emotionale Befindlichkeit erheben sollen, gehören in diese Kategorie. Eine Übersicht über derartige Größen geben Schubert et al. (2001) und Lessiter et al. (2000) sowie Witmer und Singer (1998). Weitere Zusammenstellungen solcher Messgrößen finden sich z. B. bei Juslin und Sloboda (2001) und Lewis et al. (2008).

Propriozeptive Messgrößen sind also keineswegs auf den Bereich der Präsenzforschung beschränkt. Vielmehr sind diese Messgrößen aus perzeptiver Sicht Teil eines breiteren Forschungsbereichs, nämlich der Bewusstseinsforschung, indem es u. a. um die menschliche Fähigkeit geht, die eigene Identität innerhalb einer Umgebung zu erkennen (vgl. Botella et al. 2003; Edelman und Tononi 2000). Dennoch sollen im Folgenden Begriffe speziell aus dem Bereich der Präsenzforschung diskutiert werden, denn es finden sich in diesem Forschungsgebiet einige Messgrößen, die auf den ersten Blick mit dem in Abschn. 1.2 diskutierten Begriff der Plausibilität eng verwandt sind. Gleichzeit ist festzustellen, dass die Präsenzforschung in den letzten Jahren eine Vielzahl von Definitionen und Messgrößen hervorgebracht hat, die zum Teil von Autoren widersprüchlich gebraucht werden. Der folgende Abschnitt soll hierzu die Systematik dieser Größen unter den beiden folgenden Aspekten diskutieren:

- Zum einen bezüglich ihrer Definition und ihrer Abgrenzung hinsichtlich des in Abschn. 1.2 dargestellten Begriffs der Plausibilität.

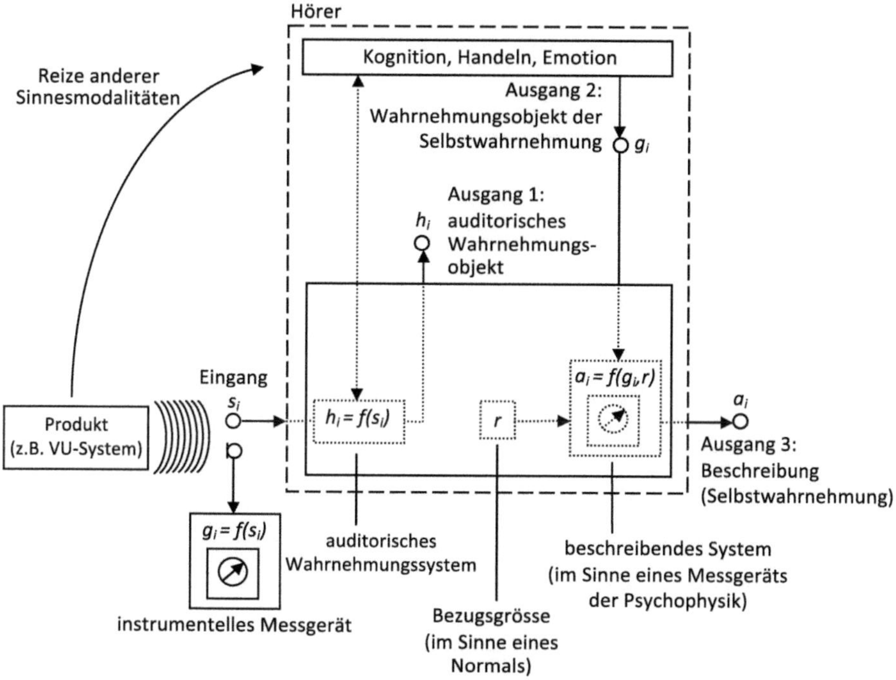

Abb. 1.4 Prozesse propriozeptiver Größen. Die perzeptive Messgröße a_i am Ausgang 3 bezieht sich hier nicht unmittelbar auf das auditorische Wahrnehmungsobjekt, sondern auf die übergeordneten Prozesse

- Zum anderen bezüglich des Wahrnehmungsprozesses im Sinne des Signalverlaufs nach Abb. 1.4 und der Rolle des darin enthaltenen Normals.

Der Begriff „Präsenz" wurde zunächst von Minsky (1980) geprägt und leitet sich vom Wort „Telepräsenz" ab. Ursprünglich wurde Telepräsenz im Kontext von Fernwirk- und Fernsteuerungssystemen definiert, beispielsweise für die Anwendung von echtzeitgesteuerten Robotern, die in Zonen agieren, welche für Menschen nicht zugänglich sind (z. B. in Nuklearanlagen). Jedoch wurde der Begriff schnell auf andere Anwendungen der Mensch-Maschine- und Mensch-Mensch-Interaktion in VUs erweitert. Die Breite der Anwendungsbereiche erklärt die Vielzahl von Definitionen für den Begriff „Präsenz", die in den vergangenen Jahren entwickelt wurden.

In frühen Publikationen definiert Sheridan (1992a, b, 1996) „Präsenz" als „*the experience of being there*" – das Gefühl, an einen anderen Ort versetzt zu sein (vgl. auch Witmer und Singer 1998). Ausgehend von anderen Anwendungen wurden in den folgenden Jahren weitere Definition von Präsenz vorgeschlagen, so z. B. auf der Basis der *task efficiency*, d. h. der Effizienz, ein bestimmtes Tätigkeitsziel in einem gegebenen virtuellen Szenario zu erreichen (Ellis 1996b), oder im Zusammenhang mit dem Begriff der sozialen Präsenz, der von Lombard und Ditton (1997) eingeführt wurde. Letzterer beschreibt die Möglichkeit, als Benutzer eines Systems andere Nutzer wahrzunehmen (passive soziale Präsenz) oder mit diesen im weitesten Sinne zu kommunizieren (aktive soziale Präsenz). Präsenzbeeinflussende Faktoren wurden u. a. von Schubert et al. (2001) und Lessiter et al. (2000) untersucht.

Wenngleich diese kurze Zusammenstellung nur schlaglichtartig verschiedene Definition von Präsenz beleuchtet und keinen Anspruch auf Vollständigkeit erhebt, zeigt sie bereits, dass keine einheitliche Definition von Präsenz existiert. Interessant ist jedoch im Kontext der hier durchgeführten Untersuchungen, dass Schubert et al. (2001) und Lessiter et al. (2000) u. a. präsenzbeeinflussende Faktoren finden, die sie mit *naturalness* bzw. *realness* bezeichnen (vgl. Arbeitsdefinitionen in Abschn. 1.2). Sie stützten sich in ihren Erhebungen u. a. auf Post-Test-Messungen mit Hilfe von Fragebögen anderer Autoren (vgl. Carlin et al. 1997; Witmer und Singer 1998). Ausgehend vom umgangssprachlichen Gebrauch der Begriffe *naturalness* und *realness* könnte man annehmen, dass beispielsweise die Wiedergabequalität eines Videodisplays in einer VU die Präsenz stark beeinflusst: Die Hypothese liegt nah, dass z. B. eine höhere technische Qualität des VU-Systems auch unmittelbar zu einer höheren Präsenz führt. Slater und Wilbur (1997) sprechen in diesem Zusammenhang von einer höheren „Immersion" und meinen mit diesem Begriff instrumentell messbare Systemeigenschaften wie Grafikauflösung oder technische Eigenschaften des Tonwiedergabesystems einer VU – im Gegensatz zur perzeptiven Definition des Begriffs der Präsenz. Held und Durlach (1992) vertreten die Ansicht, dass Präsenz eine VU benötige, die frei von Artefakten sei, so dass dem Benutzer kein Hinweis auf die Existenz des Displays bzw. anderer Medien geliefert würde (vgl. auch Heeter 1992). Immersion und Präsenz stünden dieser Ansicht nach in einem unmittelbaren Zusammenhang.

Tatsächlich ist diese Beziehung nicht so direkt gegeben, wie es zunächst scheint. Usoh und Slater (1995) sowie Slater et al. (1996) vermuteten eine unmittelbare Abhängigkeit zwischen immersionsbeeinflussenden Größen und Präsenz, konnten diesen jedoch nicht zeigen[15]. Andere Autoren hingegen konnten Zusammenhänge zwischen technischen Systemeigenschaften und Präsenz nachweisen, so z. B. Welch et al. (1996) und Hendrix und Barfield (1996)[16]. Bezüglich der Bedeutung von Tonwiedergabe für Präsenz kam Hendrix (1994) zu dem Ergebnis, dass räumliche Tonwiedergabe zu einem stereoskopischen Display die Präsenz signifikant gegenüber diotischer Wiedergabe bzw. gegenüber Video ohne Ton erhöht. Ein zusätzliches Headtrackersystem für die Audiowiedergabe erhöhte die Präsenz in Hendrix' Untersuchungen nochmals um 20 %.

Offenbar sind technische Eigenschaften von VU-Systemen und Präsenz nicht unmittelbar voneinander abhängig, sondern über komplexe Beziehungen miteinander verknüpft. Dafür werden zwei Gründe vermutet: Zum einen führt Regenbrecht (2000) aus, dass die Bedeutung der Wahrnehmungsobjekte einen erheblichen Einfluss auf die Präsenz in einer VU besitzt. Zum anderen konnten sowohl Schubert et al. (2001) wie auch Lessiter et al. (2000) zeigen, dass die Interaktion in einer VU zum Aufbau von Präsenz beiträgt. Interaktion in VUs hat verschiedenen Aus-

---

[15] Vgl. Regenbrecht (2000).

[16] dto.

prägungen, die nach Selbstbewegung (Bewegung des Nutzers in der VU), Objektinteraktion (Interaktion des Nutzers mit virtuellen Objekten) und Subjektinteraktion (Interaktion des Nutzers mit anderen Subjekten) zu unterscheiden sind[17]. Präsenz ist also offenbar nicht allein auf die Wahrnehmungsobjekte selbst und die damit vergleichsweise direkt verbundenen technischen Eigenschaften des VU Systems zurückzuführen, sondern besitzt eine konzeptionelle Ebene, die der Nutzer in Verbindung mit *top-down*-Prozessen durch Interaktion und Bedeutung der Objekte erfährt.

Eine im Kontext der Faktoren *naturalness* bzw. *realness* interessante Definition von Präsenz wurde von Lombard und Ditton (1997) vorgestellt: Sie bezeichnen Präsenz als „*illusion of nonmediation*" – die Illusion einer nicht-medialen Darbietung. Nach dieser Definition ist es für das Entstehen von Präsenz notwendig, dass eine Person nicht mehr in der Lage ist, in einer medialen Darbietung das Medium als solches zu erkennen. Dies entspricht insofern den bisherigen Betrachtungen zur Plausibilität, als dass wir von „vollkommener Plausibilität" der Wiedergabe sprechen können, wenn es nichts mehr gibt, was den Benutzer eines Systems an die Existenz desselben erinnert. Allerdings führen Lombard und Ditton (1997) aus, dass nach ihrer Definition Präsenz nicht graduell, sondern nur ganz oder gar nicht auftreten kann. Hierin unterscheidet sich diese Definition wesentlich von unseren bisherigen Betrachtungen zur Plausibilität. Darüber hinaus ergeben sich aus der Definition von Präsenz als *illusion of non-mediation* einige empirische Hindernisse der Hypothesenprüfung: Zwar lässt sich für *Transportation*-Systeme (vgl. Abschn. 1.2) durchaus die „Erkennbarkeit" des Mediums überprüfen. Ein Beispiel hierfür sind auditorische Experimente von Moldrzyk et al. (2004, 2005) sowie Lindau (2011), in denen untersucht wurde, ob Probanden in der Lage sind, eine binaurale Simulation von einer realen akustischen Wiedergabe in einem Saal zu unterscheiden. Lindau führt dabei die Plausibilitätsmessung auf ein Signalentdeckungsparadigma zurück, wobei dann neben der Plausibilität auch die Antwortneigung und die *Receiver Operating Characteristic* (ROC) bestimmt werden kann. Jedoch ist für *Simulation*-Systeme diese Operationalisierung so unmittelbar nicht möglich, da wir es in diesem Fall mit einer VU zu tun haben, deren Inhalt kein Pendant in der Realität besitzt. Eine unmittelbare Erhebung zur Frage, ob das Medium als solches wahrnehmbar ist oder nicht, gestaltet sich daher für diese Klasse von Systemen in der Regel schwierig.

Wie wir am Beispiel der Präsenzmessung sehen, haben wir es bei propriozeptiven Größen offenbar mit Wahrnehmungsobjekten zu tun, die nur mittelbar in einem Zusammenhang mit sensorischen Reizen stehen. Dies unterscheidet sie von Qualitätsmessgrößen der beurteilenden Ebene, auf der Wahrnehmungsobjekte vorliegen, die nicht nur durch Umweltreize stimuliert wurden, sondern innerhalb des Wahrnehmungskontexts auch mit einem externen Objekt der Umwelt assoziiert sind.

[17] In diesem Zusammenhang wird in der Präsenz-Literatur auch der Begriff „Plausibilität" verwendet, allerdings mit anderer Bedeutung als in der hier vorliegenden Betrachtung. *Plausibilität* bezieht sich beispielsweise in Sheridan (2009) auf die Beurteilung von Interaktionen des Nutzers mit Objekten oder anderen Subjekten innerhalb der VU. Für die Beurteilung, inwieweit die VU visuell, auditiv und haptisch der Erwartungshaltung des Nutzers entspricht, werden in diesem Kontext eher die von Lessiter et al. (2000) und Schubert et al. (2001) genannten Begriff wie *naturalness* und *realness* verwendet. Vgl. hierzu Begriffsdefinitionen in Abschn 1.2

Ohne Zweifel ist die Präsenz in einer VU von Eigenschaften des VU-Systems beeinflusst und gilt als Messgröße, mit der eine Aussage über die Simulationsqualität solcher Umgebungen getroffen werden kann. Daher mag es für viele Betrachtungen hinreichend sein, keine weitere Unterscheidung zwischen den Messgrößen vorzunehmen, die hier in die beurteilende und die propriozeptive Ebene differenziert werden. Im Rahmen der hier vorliegenden Untersuchungen ist es jedoch relevant, eine exakte Unterscheidung zu treffen, denn wir interessieren uns nicht zuerst für die Beschreibung eines VU-Systems sondern für die Beschaffenheit des Wahrnehmungsprozesses. Unter diesem Aspekt sind propriozeptive Größen insofern ein messtechnischer Sonderfall, als dass sie nicht dem Wahrnehmungsprozess selbst, sondern der Selbstbeobachtung des Wahrnehmungsprozesses entspringen. Der *top-down*-Prozess spielt für diese Messgrößen eine offensichtlichere Rolle als für Messgrößen der beurteilenden Ebene.

Abbildung 1.4 veranschaulicht dies: Das Wahrnehmungsobjekt, welches durch eine propriozeptive Größe beschrieben wird, geht aus den kognitiven Prozessen hervor, die dem sensorischen Wahrnehmungsprozess übergeordnet sind.

Der Unterschied zwischen der beurteilenden und der propriozeptiven Ebene wird noch deutlicher, wenn wir die Bedeutung des Normals der Messung für propriozeptive Größen betrachten: Zwar werden Messgrößen der Selbstwahrnehmung wie z. B. die Präsenz in der Literatur als Maß für die Qualität einer VU angesehen. Bei exakter methodisch-perzeptiver Betrachtung muss man jedoch feststellen, dass hier die Qualitätsprüfung innerhalb des gesamten Messprozesses nicht zwingend Bestandteil des Wahrnehmungsprozesses ist, den wir in der Psychophysik als Messgerät auffassen: Präsenz als Beispiel ist im Allgemeinen zunächst eine einfache Messgröße und wird erst im Hinblick auf eine Anwendung zum Qualitätsmaß. Diese Unterscheidung zwischen Mess- bzw. Qualitätsgröße wird aus Sicht des Autors in der präsenzorientierten Literatur vielfach nur unzureichend vorgenommen. Zur Qualitätsgröße wird Präsenz entweder, wenn wir z. B. als Ingenieure einen Vergleich zwischen mehreren VU-Systemen anstellen – dann aber ist der Vergleich, der die Messung zur Qualitätsprüfung macht, eine Handlung des Experimentators und nicht des Probanden – oder wenn wir als Nutzer einer VU unsere Präsenz im Hinblick auf ihre Eignung für eine bestimmte Anwendung bewerten – beispielsweise die soziale Präsenz in einem Chat-Room. Präsenz ist aber nicht zwingend mit der Eignung für einen bestimmten Zweck verbunden (ausgenommen, wenn man die *task efficency* nach Ellis (1996b) zur Definition von Präsenz heranzieht). Daher ist Präsenz auch nicht zwingend ein Qualitätsmaß.

Diese Betrachtung mag auf den ersten Blick spitzfindig erscheinen, sie ist jedoch relevant für die Einordnung des Begriffs Plausibilität in die hier verwendete dreiteilige Systematik perzeptiver Größen. Um die Differenzierung von Plausibilität und präsenzbezogenen Größen noch deutlicher herauszuarbeiten, beleuchtet die folgende Darstellung den Begriff des Prüfmittels aus Abschn. 1.3.2 etwas genauer, und zwar in Abgrenzung zu einem Begriff aus der Präsenzforschung, nämlich der Akzeptanz für eine VU.

In Simulationssystemen, deren Szenario kein Äquivalent in der realen Welt besitzt, sind wir u. U. mit Situationen konfrontiert, die nur im Kontext der VU vorstellbar sind: Diese Szenarien sind also nicht real, aber innerhalb der Handlungsbezüge der VU gleichwohl plausibel. Eco (1995)[18] nennt dafür als Beispiel Märchen mit sprechenden Tieren („Rotkäppchen und der böse Wolf"), die zwar in der realen Welt höchst unwahrscheinlich, innerhalb der Handlung der VU gleichwohl stimmig sind. Plausibel sind diese Szenarien jedoch nur dann, wenn der Benutzer zumindest zeitweise bereit ist, sich auf diese fiktiven Bezüge der VU einzulassen und sie als sinnvoll zu akzeptieren. Die Bereitschaft, sich auf die Handlung einzulassen, beeinflusst also als *top-down*-Prozess die Präsenz in der VU. Nun ist jedoch diese Bereitschaft ein anderer Begriff als die Erwartungshaltung im Sinne eines Prüfmittels. Autoren der Präsenzforschung sprechen von „*suspension of disbelief*" (vgl. Sheridan 1996; Waterworth und Waterworth 2003; Regenbrecht 2000): Nur wenn wir konzeptionelle Widersprüche mit unserer Alltagserfahrung (zeitweise) ignorieren, können wir Präsenz erfahren. *Suspension of disbelief* beeinflusst also das Urteil über Präsenz (und auch Plausibilität), ist aber nicht das Normal dieser Messung. Im Sinne der Messtechnik ist also die Bereitschaft, sich auf eine VU einzulassen, etwas anderes als die Erwartungshaltung im Sinne eines Prüfmittels gegenüber einer VU.

Damit werden auch die Gemeinsamkeiten und die Unterschiede zwischen propriozeptiven Größen (insbesondere der Präsenz) und Plausibilität deutlich: Zwar beziehen sich beide Arten von Messgrößen offenbar auf ein systemisch formalisiertes Normal, das zur Durchführung der Messung konzeptionelle Beziehungen zwischen Wahrnehmungsobjekten der Vorerfahrung heranzieht. Daher ist dieses Normal auch durch die mehr oder weniger großen Akzeptanz für ein virtuelles Szenario beeinflussbar. Präsenz ist in diesem Sinne also ebenso wie Plausibilität eine graduell abgestufte Messgröße (im Gegensatz zur Definition der „*illusion of non-mediation*" nach Lombard und Ditton 1997). Jedoch ist Präsenz als Messgröße der Selbstwahrnehmung allenfalls eine Folge von Plausibilität und beurteilt anders als Plausibilität nicht zwingend die „Beschaffenheit einer VU im Hinblick auf die erwünschte Beschaffenheit" (vgl. DIN 55360 und Definition von Qualität in Abschn. 1.3.2).

1.4 Zusammenfassung und Schlussfolgerungen: Messung von Plausibilität im Kontext existierender Modelle

Das Ziel der vorliegenden Untersuchungen ist es, menschliche Wahrnehmungsprozesse, die zur Beurteilung der Plausibilität von Schallereignissen in einem elektroakustischen System führen, im Sinne von Messprozessen zu untersuchen. Der Fokus liegt dabei auf einer Untersuchung von Plausibilität im Hinblick auf ihre Eigenschaften als Messgröße und auf einer Beschreibung der Referenz, die dieser Messung zugrundliegt[19]. Um also den Begriff der Plausibilität mit Blick auf die Referenz zu erfassen, wurden in diesem Kapitel zunächst existierende perzeptive

[18] Zitiert in Regenbrecht (2000).

[19] Vgl. Definitionen in Abschn 1.2.

Messgrößen systematisiert und Eigenschaften von Plausibilität vor dem Hintergrund dieser Systematik diskutiert. Der den jeweiligen Messgrößen zugrundeliegende Wahrnehmungsprozess wird dabei durch drei Elemente charakterisiert:

- Das Wahrnehmungsobjekt (Gegenstand der Messung)
- Den physikalischen Reiz, der mittelbar und unmittelbar zum Wahrnehmungsobjekt führt (instrumentell bestimmbare Größe des Schallfelds)
- Die Referenz des Wahrnehmungsprozesses im Sinne eines Normals bzw. bei Qualitätsmessgrößen im Sinne eines Prüfmittels.

Im vorliegenden Kapitel wurden perzeptive Messgrößen in drei Klassen eingeteilt, die kurz zusammengefasst wie folgt definiert sind (vgl. Abschn. 1.3):

- Messgrößen der sensorischen Ebene, die funktionale Eigenschaften des Hörens beschreiben.
- Messgrößen der beurteilenden Ebene, die die Beschaffenheit eines Wahrnehmungsobjekts im Vergleich zu seiner erwünschten Beschaffenheit beurteilen (insbesondere Qualitätsmessgrößen). Das Wahrnehmungsobjekt wird dabei unmittelbar mit einem externen Objekt der Umwelt (z. B. einem Produkt) assoziiert.
- Messgrößen der propriozeptiven Ebene, die die Selbstwahrnehmung des Befragten beschreiben.

Die besondere Bedeutung von *top-down*-Prozessen, in denen die Erwartungshaltung, emotionale Befindlichkeit, etc. des Wahrnehmenden das Perzept beeinflusst, wurde für die beurteilende und die propriozeptive Ebene dargestellt. Nachdem wir zu Beginn des Kapitels den Begriff „Plausibilität“ vorläufig als „*das Ergebnis eines perzeptiven Prozesses*“ definiert haben, „*der ermittelt, in welchem Maße ein Wahrnehmungsobjekt mit der individuellen Vorerfahrung übereinstimmt*“ (vgl. Abschn. 1.2) wird nun mit Hilfe der Systematik perzeptiver Messgrößen diskutiert, inwieweit die Wahrnehmung von Plausibilität den Prozessen der sensorischen, beurteilenden oder propriozeptiven Ebene entspricht.

Aufgrund der bisherigen Definition von Plausibilität, nach der ein Wahrnehmungsobjekt anhand der subjektiven Vorerfahrung überprüft wird, können wir zunächst annehmen, dass wir Plausibilitätsurteile als einen Spezialfall der perzeptiven Prüfprozesse auffassen dürfen. Im Gegensatz zu klassischen Prüfprozessen der Messtechnik müssen wir jedoch feststellen, dass die Referenz für Plausibilität nicht metrisch oder singulär-objektbezogen formalisiert sein kann, sondern Eigenschaften eines Systems besitzt: Um die „Stimmigkeit“ eines Wahrnehmungsobjekts zu beurteilen, greifen wir offenbar auf konzeptionelle Zusammenhänge mehrerer Wahrnehmungsobjekte der Vorerfahrung zurück, die es uns in ihrer Gesamtheit erlauben, Plausibilität zu ermessen. Hingegen ist Plausibilität offenbar weder auf ein einzelnes Objekt der Vorerfahrung noch auf ein als Einzahlkennwert erfassbares Prüfmittel bezogen.

Als Zwischenergebnis können wir auf dieser Basis Plausibilität und damit auch die Referenz zur Beurteilung von Plausibilität genauer definieren. Diese Definition wird in den folgenden Kapiteln überprüft und weiterentwickelt:

Definition (vorläufig): Plausibilität ist das Ergebnis eines perzeptiven Prozesses, der ermittelt, in welchem Maße ein Wahrnehmungsobjekt mit einer aus individuellen Vorerfahrungen resultierenden, inneren Referenz übereinstimmt. Die Referenz der Wahrnehmung ist dabei ein System von Objekten und Beziehungen zwischen diesen Objekten, die als Ganzes die Grundlage der Beurteilung darstellen.

Aus dieser Definition ergeben sich folgende weiterführende Fragen:

- Welche Größen charakterisieren diese Referenz als System? Wie können wir dieses System messtechnisch erfassen?
- Wie beeinflusst der beschriebene strukturierende Wahrnehmungsprozess die Entwicklung des Plausibilitätsurteils (*top-down*)?
- Welche Eigenschaften des Plausibilitätsurteils lassen sich intraindividuell (über eine zeitliche Entwicklung hinweg) und interindividuell (zwischen mehreren Probanden) vergleichen?

Mit dem zuletzt genannten Punkt gelangen wir auf ein Gebiet, das auf den ersten Blick von der einleitenden Fragestellung der Messtechnik sehr weit entfernt ist: Es geht nicht mehr um Fragen der Voraussetzung einer Messung, sondern um die Frage ihrer Aussagekraft, Objektivität und um die Güte des Messgeräts: Wie strukturieren wir Wahrnehmungsobjekte? Wie fassen wir diese als Vorerfahrung zu Urteilsreferenzen zusammen? Wie können wir diesen Prozess charakterisieren, und welche interindividuellen Gemeinsamkeiten können wir in diesem Prozess feststellen?

Das folgende Kapitel wird sich daher unter wahrnehmungs- und entwicklungspsychologischen Aspekten mit diesen Fragen befassen und daraus Aussagen über Formalisierungen der Referenz für Plausibilitätsurteile entwickeln. In Kap. 3 werden diese Aussagen zu Hypothesen für exemplarische Anwendungsfälle medialer Audiowiedergabe weiterentwickelt und überprüft.

Kapitel 2
Wahrnehmung als strukturierender Prozess

Das vorangegangene Kapitel hat Plausibilität als Messgröße in mehreren Schritten präzisiert und in den Kontext perzeptiver Messprozesse nach dem Stand der Forschung eingeordnet. Wir haben gesehen, dass es sich dabei um einen Prozess handelt, in dem die Vorerfahrung eine bedeutende Rolle spielt. Dieses Kapitel wird sich nun damit befassen, den Prozess, der zur Vorerfahrung und damit zur „inneren Referenz" führt, genauer zu beschreiben, um daraus Rückschlüsse auf das Urteilsverhalten zu ziehen.

Bisher haben wir hier Plausibilitätsbewertung als ein Ähnlichkeitsurteil definiert, bei dem ein Wahrnehmungsobjekt mit der Vorerfahrung verglichen wird. Die Vorerfahrung ist dabei nicht ein einzelnes Objekt, sondern erwächst aus mehreren Wahrnehmungsobjekten, die wir zueinander in Beziehung setzen. Diese Beziehungen bestimmen die Eigenschaften, die das zu beurteilende Wahrnehmungsobjekt erfüllen muss, wenn es plausibel sein soll. Plausibilitätsbewertung setzt hier also nicht einfach nur voraus, dass wir einen Ähnlichkeitspaarvergleich zwischen zwei konkreten Objekten durchführen, sondern dass wir den Zusammenhang zwischen einer Vielzahl von Wahrnehmungsobjekten für ein Ähnlichkeitsurteil nutzen können. Dieses Kapitel wird sich nun damit befassen, wie sich diese Zusammenhänge analysieren lassen, um sie im Sinne eines Messprozesses zu beschreiben. Dazu stützen sich die folgenden Abschnitte auf Erkenntnisse der Wahrnehmungs- und Entwicklungspsychologie, mit deren Hilfe wir strukturierende Eigenschaften der menschlichen Wahrnehmung beschreiben.

Das Ziel dieses Kapitels ist es, durch Aussagen über strukturierende Wahrnehmungsprozesse schließlich Eigenschaften der Referenz für die Plausibilitätsmessung zu benennen. Kapitel 3 formuliert darauf aufbauend Hypothesen und Fragestellungen zu ausgewählten Aspekten dieser Prozesse und stellt entsprechende experimentelle Untersuchungen dar. Kapitel 4 schließlich diskutiert die Ergebnisse, präzisiert die vorangegangenen Definitionen von Plausibilität und Referenz und stellt schließlich den gesamten Messprozess aus methodischer und erkenntnistheoretischer Sicht dar.

C. Kuhn-Rahloff, *Realitätstreue, Natürlichkeit, Plausibilität,*
DOI 10.1007/978-3-642-22072-2_2,

2.1 Das Wahrnehmungsobjekt „Lautsprecher“

Um den Wahrnehmungsprozess zu charakterisieren, der der Beurteilung der Plausibilität einer elektroakustischen Wiedergabe zugrunde liegt, betrachten wir diese Wiedergabe zunächst von einem nachrichtentechnischen Standpunkt aus: Allgemein können wir eine mediale Darbietung als die Übermittlung von Information von einer Quelle über einen Kanal zu einer Senke beschreiben. Die übermittelte Information wird dabei an der Quelle (vom Sender) kodiert, auf dem Übermittlungsweg im Kanal ggf. durch äußere Einflusse gestört und anschließen an der Senke (vom Empfänger) dekodiert. Elektroakustische Wiedergabe hat dabei das Ziel, die Information des Schallfelds, z. B. eines Musikinstruments, so zu kodieren und durch den Lautsprecher schließlich wieder in Schall zu wandeln, dass der Informationsgehalt vor und nach der Wandlung möglichst identisch ist. Entspricht er vollkommen der Erwartungshaltung des Hörers, sprechen wir gemäß der Arbeitsdefinitionen aus Abschn. 1.2 und 1.4 von einer authentischen Reproduktion. Ist dies nicht der Fall, so hat das Schallfeld (und damit auch die durch den Schall übermittelte Information) im nachrichtentechnischen Sinne eine Störung bei der Übertragung erfahren. Die Frage, wie gut das Wahrgenommene nun noch der Erwartungshaltung entspricht, wird vom Hörer im Sinne der „Stimmigkeit“ – anders gesagt im Sinne der „Plausibilität“ – beurteilt. Nun sind wir als Hörer in vielen Fällen in der Lage, die mediale Reproduktion durchaus blind als solche zu identifizieren: Wir erfassen Charakteristika des vom Lautsprecher generierten Schallfelds, so dass wir eben nicht nur das Musikinstrument, sondern „ein aus einem Audiosystem wiedergegebenes Musikinstrument“ wahrnehmen. Offenbar ist also die Störung nicht zufällig, sondern besitzt charakteristische Eigenschaften, die uns Informationen über das Medium liefern: Der Kanal im nachrichtentechnischen Modell wird wiederum selbst zum Sender von Information.

Der Schall übermittelt also Hinweise, die uns sowohl auf das Musikinstrument wie auch auf das Audiowiedergabesystem hindeuten. Nun erhebt sich die Frage, wie das Signal, das diese Hinweise trägt, beschaffen ist und vom Empfänger dekodiert wird: Anders als in der klassischen Nachrichtentechnik haben wir es ja nicht mit einem zwischen Sender und Empfänger vorab vereinbarten Code zu tun, der im Sinne einer Konvention die Kommunikation über den Kanal ermöglicht. Während uns durch gesellschaftlich vereinbartes Wissen bekannt ist, dass eine Geige mit dem Begriff „*Geige*“ zu bezeichnen ist (denotative Bedeutung), entsteht das Wissen über Eigenschaften eines Audiosystems im Wesentlichen aus Erfahrung und besitzt – wie wir weiter unten sehen werden – Merkmale einer konnotativen Bedeutung. Doch auch ohne explizite Konvention ist der Empfänger in der Lage, diese Information korrekt – nämlich als Hinweis auf ein elektronisches Medium – zu interpretieren und dadurch zwischen Realität und virtueller Realität zu unterscheiden. Wir erlernen durch den Gebrauch elektronischer Medien offenbar deren Eigenschaften als Form des wiedergegebenen Inhalts wiederzuerkennen. Welche Aussagen können wir also über diesen Lernprozess treffen, der dazu beiträgt, die Referenz unserer Plausibilitätsbewertung zu entwickeln?

Betrachten wir zunächst den Begriff des „Zeichens" genauer: Ihm liegt hier eine konzeptionelle Bedeutung aus der Kommunikationswissenschaft und Semiotik zugrunde. Das Zeichen ist in diesem Sinne ein perzeptives Konstrukt, das entsteht, indem ein Symbol mit Hilfe eines Objekts der Vorerfahrung auf seine Bedeutung verweist. Das Konzept geht als triadische Relation auf Peirce (1931) zurück und greift in seiner ursprünglichen Form deutlich weiter als die spezielle Beziehung von Schall als Zeichenträger, wie wir sie hier betrachten.

Theoretische Betrachtungen zur mentalen Verarbeitung von Zeichen wurden für eine Vielzahl von Bereichen veröffentlicht, so dass eine umfassende Darstellung der Semiotik als Fachgebiet den Rahmen dieses Buches sprengen würde. Einen Überblick geben Nöth (1990), Morris (1939) sowie mit besonderen Bezug zum Audiobereich Flückiger (2007) und Jekosch (2005a). Wir konzentrieren uns hier auf semiotische Ausführungen, die im Kontext des „product sound designs" und der Qualitätsbewertung von Schall entwickelt wurden.

Dürrer (2001) stellt im Zusammenhang mit auditiver Kommunikation die Bedeutungsebene des Zeichens für die strukturelle Beschreibung des Kommunikationsprozesses in den Vordergrund. Dabei wird zwischen der denotativen und konnotativen Bedeutungsebene unterschieden (vgl. a. Hjelmslev 1943[1]): Beispielsweise denotiert „Trompete" ein bestimmtes Musikinstrument, wobei das Wort „Trompete" aber auch konnotativ für „feierlich" oder „majestätisch" stehen kann, ggf. aber auch als „warnend" oder im kriegerischen Sinne als Angriffssignal verstanden wird. Während Denotationen üblicherweise durch Vereinbarung festgelegt werden und in ihrer Bedeutung nur geringen Änderungen unterworfen sind, können Konnotationen theoretisch beliebig weit gefasst werden und sind erheblich vom Vorwissen des Empfängers abhängig (Bloomfield 1961)[2]. Für unsere Betrachtung ist die konnotative Ebene besonders relevant, weil sie dem Empfänger nicht nur Informationen über die Identität des Senders, sondern u. U. auch über seine Beschaffenheit, Funktion, Zielsetzung, Qualität, usw. liefert. Diese konnotative Ebene wird im Bereich des product sound designs industriell genutzt: Das Innenraumgeräusch eines Fahrzeugs suggeriert beispielsweise Sportlichkeit, das Lüftergeräusch eines Staubsaugers Saugkraft und Hygiene, die Eröffnungsmusik der Nachrichten Spannung und Seriosität. Jekosch (2004) wendet auf die Gestaltung der so vermittelten Merkmale perzeptive Modelle der Qualitätsbewertung an, die in Abschn. 1.3.2 bereits vorgestellt wurden. Das Ziel in der industriellen Entwicklung von Produkten ist es in der Regel, Schall als Zeichenträger so zu gestalten, dass konnotativ ein gewünschtes Qualitätsmerkmal optimiert wird. Die Herausforderung des Entwicklungsprozesses besteht dann meist darin, eine Taxonomie zu entwickeln, die Qualitätselemente und Qualitätsmerkmale klassifiziert und Abhängigkeiten quantifiziert, um Rückschlüsse auf die aus Sicht des Benutzers relevanten technischen Eigenschaften des Produkts und der Herstellungsprozesse zu ziehen (vgl. Abschn. 1.3.2). Als Beispiel

[1] Zitiert in Nöth (1990).

[2] Zitiert in Dürrer (2001).

sei hier die Automobilindustrie genannt, in deren Kontext sich eine große Zahl entsprechender Publikationen finden (z. B. Chouard 1997; Hempel 2001).[3]

Während denotative Bedeutungen also meist im Sinne eines vereinbarten Codes die Identität eines Konkretums oder Abstraktums vermitteln, sind konnotative Bedeutungen in der Regel nicht im Sinne eines solchen Codes zwischen Sender und Empfänger festgelegt worden. Das oben zitierte Beispiel des Wortes „Trompete" macht dies deutlich: Ob „Trompete" als feierlich oder warnend verstanden wird, ist in hohem Maß eine Frage der persönlichen Erfahrung des Empfängers. Jekosch (2005a) bemerkt, dass Qualitätsmerkmale zumeist dann wahrgenommen werden, wenn unsere Erwartungshaltung nicht erfüllt wird: Kennen wir Trompetensignale nur in einem friedlichen und feierlichen Kontext, werden wir eine einzelne Trompete mit neuem Kontext im Sinne eines Angriffssignals nicht nur bemerken, sondern sie als Einzelfall sehr gut in Erinnerung behalten.

Für unsere Analyse der Plausibilität von Audiowiedergabe ist dies insofern interessant, als dass wir auf dieser Grundlage die elektroakustische Reproduktion oder Simulation einer Schallquelle, z. B. einer Violine, auf zwei Arten betrachten können: Wir können entweder das Medium als Kanal mit einer charakteristischen Störung betrachten, wobei diese „Störung" dann als Zeichen das Medium selbst denotiert (wir hören „den Lautsprecher"), oder wir können diese „Störung" dem Nutzsignal zuordnen, und haben es dann konnotativ mit einer bestimmten Art von Violine zu tun (nämlich mit einer „elektroakustisch simulierten Violine"). In unserem Fall werden also Eigenschaften des Mediums nicht zwingend mit dem Medium selbst assoziiert, sondern können auch mit dem wiedergegebenen Inhalt verknüpft sein. Diese konnotative Ebene zeigt sich bereits in der Semantik des Begriffs „Virtuelle Realität": Es handelt sich um eine besondere Form der Realität, nämlich um eine Realität die kraft des Mediums (und der Wahrnehmung) vorhanden ist. Realität wird hier mit ihrer medialen Reproduktion konnotiert.

Uns interessiert also hier insbesondere, wie Semiose für konnotative Bedeutungen strukturiert ist. Der folgende Abschnitt wird sich daher mit der Frage befassen, durch welche Prozesse nicht-vereinbarte, konnotative Bedeutung aus Erfahrung erwächst. Solche Prozesse, die Reize der Umwelt autonom strukturieren, sind Gegenstand von Untersuchungen der Wahrnehmungs- und Entwicklungspsychologie. Man geht hier davon aus, dass Reize strukturelle Eigenschaften des Wahrnehmungsobjekts nicht inhärent vorgeben, sondern dem Wahrnehmenden nur Möglichkeiten zur aktiven Strukturierung im Rahmen von *top-down*-Prozessen bieten. Diese Prozesse sind evolutionär relevant, da sie für flight-fight-Reaktionen, Ernährung und Fortpflanzung die Grundlage schaffen, wiederkehrende Eigenschaften von Objekten der Umwelt effizient zu erkennen. In Veröffentlichungen zu diesem Thema spielt der

---

[3] Die Strukturierung der Bedeutung in denotative und konnotative Ebene spiegelt sich auch in der perzeptiven Definition der „Beschaffenheit einer Einheit" nach Jekosch (2000) als Weiterentwicklung der Definition nach DIN 55350 wieder (vgl. Abschn. 1.3.2): Die wahrgenommene Beschaffenheit ist die „Gesamtheit der Merkmale einer Einheit. Für den Wahrnehmenden Kennung für die Identität der Einheit." Der Qualitätsbegriff erfährt hier also eine Erweiterung, indem er sich nicht nur auf eine erwünschte Beschaffenheit sondern genauer auch auf eine erwünschte Identität bezieht.

Begriff der „Gestalt“ eine besondere Rolle: Im Verlauf des 20. Jh. wurde er von verschiedenen Autoren unterschiedlicher Fachgebiete verwendet, um Ergebnisse von strukturierenden Wahrnehmungsprozessen zusammenzufassen. Gestaltorientierte Veröffentlichungen befassten sich zunächst hauptsächlich mit der visuellen Wahrnehmung und wurden erst in der zweiten Hälfte des 20. Jh. in bereiterem Umfang auf den auditiven Bereich ausgedehnt. Eine Übersicht geben Mersch (1998), Nöth (1990), Leman (1997) und Bregman (1990). Von diesen Veröffentlichungen sind für die vorliegenden Untersuchungen einzelne Ergebnisse relevant. Diese werden im Folgenden dargestellt.

2.2 Invariantenbildung, Assimilation und Akkommodation

Ein grundlegendes Prinzip strukturierender Wahrnehmungsprozesse ist die sogen. Invariantenbildung: Sie erlaubt es uns, wiederkehrende Eigenschaften von Objekten in unterschiedlichen Erscheinungsformen zu erkennen. Invariantenbildung ist daher eine Voraussetzung für Konstanzleistungen, also für die Fähigkeit, z. B. visuelle Objekte aus unterschiedlichen Perspektiven oder Melodien auf unterschiedlicher Tonhöhe zu identifizieren. Gesetzmäßigkeiten, die diesem Prozess zugrunde liegen, wurden für die visuelle Wahrnehmung beispielsweise von Katz (1943) veröffentlicht und sind teilweise auch auf die auditive Wahrnehmung übertragbar. Katz entwickelte sechs Gesetze, die die Gestaltwahrnehmung beeinflussen: Das Gesetz der Gleichheit, der Geschlossenheit, der Nähe, der Fortführung („*continuity*“), des gemeinsamen Schicksals („*common fate*“) und der Erfahrung.

Im Alltag sind wir einer Fülle unbekannter Reize ausgesetzt, die von kognitiven Prozessen ausgewählt, strukturiert und auf Invarianten überprüft werden. Piaget und Mitarbeiter (vgl. z. B. Piaget 1974; Ginsburg und Opper 2004) waren eine der ersten, die systematische Untersuchungen durchführten, um diese Prozesse in Modellen abzubilden. Die Regeln, die diesen Prozessen zugrunde liegen, werden als Schemata bezeichnet (Piaget 1962; Pascual-Leone und Goodman 1979; Pascual-Leone und Johnson 1991[4]): Ein Schema ist die Voraussetzung, um Zeichen im semiotischen Sinne zu verarbeiten. Mit einem Schema werden Objekte der Vorerfahrung und Objekte der Wahrnehmung zu einer Bedeutung verknüpft, wobei Antizipation und Erwartungshaltung den Prozess steuern (vgl. a. Jekosch 2004). Die Bedeutung des Objekts ist dabei nicht statisch aufzufassen, sondern wird vom handelnden Subjekt permanent überprüft: In diesem Sinne verknüpft ein Schema Wahrnehmungsobjekte und Vorerfahrung durch Beziehungen, die sich in der Erfahrung bewährt haben (von Glasersfeld 2008).

Der Wahrnehmungsprozess ist nach Piaget durch zwei Komponenten gekennzeichnet, die als Extremfälle eines Gleichgewichts betrachtet werden können. Das

[4] Zitiert in Morra et al. (2008).

Zusammenwirken beider Komponenten ermöglicht einen gesteuerten Anpassungsprozess der Wahrnehmung an unbekannte Reize:

- Der Prozess der Assimilation, bei dem der Reiz mit Hilfe eines existierenden Schemas verarbeitet wird. Der Reiz wird also in ein bestehendes Bedeutungssystem integriert. Im Hinblick auf die auditive Wahrnehmung bedeutet dies, dass wir „hören, was wir hören wollen“ (Jekosch 2005a).
- Der Prozess der Akkommodation, bei dem ein Schema verändert wird, bis es den Eigenschaften des Reizes entspricht und auf eine situativ angemessene Bedeutung verweist. Ist das Schema hinreichend angepasst, wird der Reiz mit Hilfe des neuen Schemas integriert.

Piagets Modelle wurden von späteren Autoren durch neue Erkenntnisse erweitert: So entspricht beispielsweise der sogen. *C-operator* (für *content learning*) im TCO-Modell (*Theory of Constructive Operators*) Piagets Akkommodation von Schemata (Pascual-Leone und Goodman 1979)[5]. Eine weiterführende Theorie ist ferner das Modell der *Central Conceptual Structures* (CSS) nach Case (1985), das u. a. Parameter beschreibt, die die Fähigkeit beeinflussen, mehrere Schemata gleichzeitig zu verarbeiten.

Wird der Wahrnehmende einem unbekannten und widersprüchlichen Reiz ausgesetzt – Piaget spricht in diesem Fall von einem Disequilibrium – bieten sich mehrere Reaktionsmöglichkeiten. Jekosch (2005b) nennt als Beispiel die Wahrnehmung synthetischer Sprachsignale: Solche Signale ähneln zwar stark den Sprachsignalen, die von einem menschlichen Sprecher erzeugt werden. Dennoch differieren einige Merkmale, die die Effizienz existierender Schemata verringern. Synthetische Sprache ist daher oftmals schwer verständlich – dann nämlich, wenn sie in Schemata assimiliert wird, die im Kontext menschlicher Sprecher entwickelt wurden. Konfrontiert man Probanden jedoch über längere Zeit mit synthetischen Sprachsignalen, werden die Schemata akkommodiert und die Sprachverständlichkeit verbessert sich. Assimilation und Akkommodation sind also Strategien sowohl zur Strukturierung von Wahrnehmungsereignissen wie auch zu Anpassung existierender Schemata an unbekannte Reize.

Wenn wir diese Wahrnehmungsstrategien auf die Bewertung der Plausibilität eines unbekannten Reizes anwenden, entspricht die vollkommene Assimilation einer Beurteilung, bei der das Wahrnehmungsobjekt ganz der Erwartung des Hörers entspricht. Erst durch Akkommodation werden neue Schemata entwickelt, durch die das Wahrnehmungsobjekt als etwas Neues erkannt wird und seine „Stimmigkeit“ in Bezug auf das Erwartete überprüft werden kann – mit anderen Worten: seine Plausibilität beurteilt werden kann. Plausibilitätsbewertung bedarf hier also eines Akkommodationsprozesses, damit ein Wahrnehmungsobjekt im Sinne der hier verwendeten Begriffsdefinitionen (vgl. Abschn. 1.2 und 1.4) eben nicht als authentisch,

[5] Einzelne Aspekte des TCO-Models sind auch für logische Prozesse relevant, die in Abschn. 2.4 dargestellt werden. Eine vollständige Darstellung des TCO-Modells würde jedoch den Rahmen dieses Buchs sprengen. Eine ausführliche Darstellung findet sich in Pascual-Leone und Goodman (1979) sowie in Morra et al. (2008).

sondern als mehr oder weniger plausibel im Vergleich zu einer Erwartungshaltung beurteilt wird. Dies hat weitreichende Konsequenzen nicht nur für die Beschreibung des Urteilsprozesses, sondern beispielsweise auch für die Unterscheidung von Realität und Virtualität: Erst wenn Virtualität als solche erkannt wird, kann sie auch qualitativ im Hinblick auf Ihre Übereinstimmung mit einer nicht-medialen Realität beurteilt werden – andernfalls wären wir gar nicht in der Lage, sie von einer nicht-medialen Umwelt zu unterscheiden. Dieser Entwicklungsprozess neuer Schemata kann aber auch umgekehrt beschritten werden: Es ist gleichermaßen denkbar, von Schemata auszugehen, die ausschließlich im Kontext medialer Reproduktionen entwickelt wurden. Man denke beispielsweise an Fernsehübertragungen von Orten, an denen wir als Betrachter selbst noch nie waren. Begeben wir uns dann selbst vor Ort, mögen uns manche Proportionen, Anordnungen, Abläufe usw. ungewöhnlich erscheinen und uns die Orientierung erschweren, denn die mediale Reproduktion hat uns „ein anderes Bild" vermittelt. Dennoch sind wir in der Lage, uns den neuen, realen Verhältnissen anzupassen: Wir akkommodieren uns an die aktuelle Wahrnehmungssituation, und zwar unabhängig davon, ob wir von Schemata ausgehen, die im Kontext medialer oder nicht-medialer Wahrnehmungsobjekte entstanden sind. Auf diesen Punkt werden wir in den Abschn. 2.5 zurückkommen.

Zusammenfassend lässt sich hier feststellen, dass sich die Entwicklung der Referenz, die für eine Plausibilitätsbewertung herangezogen wird, als Akkommodation von Schemata beschreiben lässt. Bisher hat dieser Abschnitt dargestellt, unter welchen Bedingungen es verstärkt zur Akkommodation kommen kann – nämlich im Fall eines Disequilibriums. Wenn nun neue Schemata entwickelt werden, nach welchen Gesetzmäßigkeiten geschieht dies? Welche Beziehungen bestehen zwischen alten und neuen Schemata? Hierzu betrachten wir zwei weitere strukturierende Wahrnehmungsprozesse, nämliche Prozesse der Klassifikation sowie der Inferenz.

2.3 Klassifikation und Klasseninklusion

Die Klassifikation von Objekten ist eine Fähigkeit, die eng mit der eingangs beschriebenen Invariantenbildung verknüpft ist: Das Erkennen wiederkehrender Merkmale erlaubt es uns, Objekte in Klassen zusammenzufassen und zu benennen. In der Musik beispielsweise ist die Klasse der Streichinstrumente gekennzeichnet durch Instrumente mit einer oder mehreren Saiten, die über einen Resonanzkörper gespannt sind und mit einem Bogen gestrichen werden. Entscheidend für unsere Diskussion des Begriffs *Plausibilität* ist, dass Klassen nicht nur nominativen Charakter besitzen (sie benennen eindeutig eine Gruppe von Dingen) sondern hierarchisch geordnet sein können. Violinen sind eine Teilklasse der Streichinstrumente, erfüllen also alle Eigenschaften dieser allgemeineren Klassen und besitzen noch weitere zusätzliche Eigenschaften, die sie als Violinen auszeichnen (nämlich bestimmte Proportionen, Stimmung der Saiten, usw.). Was hier für den erwachsenen Menschen auf den ersten Blick eine banale Feststellung sein mag, ist im Rahmen der geistigen Entwicklung von Kindern durchaus nicht zwingend miteinander verknüpft: Verschiedene Autoren (z. B. Piaget 1974; Dasen 1972[6]) konnten zeigen, dass Klassenbildung und hierarchische Organisation von Klassen in getrennten Entwicklungsschritten ablaufen. So sind Kinder im Vorschulalter zwar in der Regel in der Lage, Klassen aufgrund von Merkmalsunterschieden zu differenzieren. Die hierarchische Beziehung zwischen einer Teilklasse und einer allgemeineren Klasse (auch als Klasseninklusion bezeichnet) ist jedoch erst in einem späteren Stadium der Entwicklung gefestigt[7]. Piaget spricht in diesem Zusammenhang vom konkretoperationalen Stadium, im Gegensatz zum präoperationalen Stadium, in dem zwar Klassen benannt aber nicht sicher hierarchisch verknüpft werden können (Piaget 1970).

In Bezug auf die semiotischen Ausführungen aus Abschn. 2.1 können wir feststellen, dass Klassifikation sowohl denotativ als auch konnotativ gegeben sein kann: In diesem Sinne lässt sich die Betrachtung medialer Reproduktion oder Simulation als ein spezielles Klassifikationsproblem ansehen. Die elektroakustisch dargebotene Violine wird vom Hörer zunächst der allgemeinen Klasse der Violinen zugeordnet. Darüber hinaus handelt es sich aber um eine spezielle Violine, nämlich um eine medial reproduzierte, die eine Teilklasse der Violinen darstellt.

Bei genauer Betrachtung bezeichnet daher auch der Begriff „Virtuelle Realität" einen hierarchischen Klassenbezug: Die konnotativ als „virtuell" benannte Realität wird zu einer Teilklasse von Realität im Allgemeinen. Diese Klassenhierarchie ergibt sich hier durch den Bezug des Urteils auf die Vorerfahrung des Wahrnehmenden. Es handelt sich dabei um einen Konstruktivismus Aspekt, der mangels sprachlich exakter Unterscheidung zwischen Realität und (wahrgenommener) Wirklichkeit im Begriff „Virtuelle Realität" übergangen wird (vgl. von Glasersfeld 2008; Regenbrecht 2000, siehe auch Abschn. 2.5). Während der Begriff „Realität" suggeriert, dass das Wahrnehmungsobjekt anhand eines außerhalb der Wahrnehmung existierenden Objekts überprüft werden kann, belässt der Begriff „Wirklichkeit" die Referenz des Urteils innerhalb der Wahrnehmung[8]. Mangels exaktem Bezug zu einer externen Welt kann die Wahrnehmung im Sinne eines konstruktivistischen Erfahrungswissens sich nur auf die (subjektive) Vorerfahrung beziehen. In diesem Sinne ist die mediale Wirklichkeit eine konnotierte Wirklichkeit: Wirklichkeit enthält also die medial reproduzierte Wirklichkeit als Teilklasse!

Die bisherigen Ausführungen zeigen zwar, dass sich die Wahrnehmungsbezüge zwischen sogen. „Realität" und medialer Reproduktion als hierarchische Klassenstruktur beschreiben lassen, die bei der Verarbeitung von Zeichen mit Hilfe von Schemata entstehen. Jedoch liefert dies bisher keine Aussage über das charakte-

[6] Zitiert in Ginsburg und Opper (2004).

[7] Die Frage, inwieweit Stadien der geistigen Entwicklung tatsächlich einem bestimmten Alter zugeordnet werden können und in welcher Reihenfolge kognitive Prozesse erlernt werden, ist von Autoren der Entwicklungspsychologie vielfach erörtert worden. Von einer kritischen Diskussion dieses Aspekts im Zusammenhang mit dem Klassenbegriff wird an dieser Stelle abgesehen, da hier nur die Tatsache relevant ist, dass Klassifikation und hierarchische Klassenbeziehung zwei getrennte Prozesse darstellen. Die geistige Entwicklung, die beim Erwachsenen schließlich zu diesen Fähigkeiten führt, spielt hier nur eine untergeordnete Rolle.

[8] Vgl. Arbeitsdefinition von Plausibilität in Abschn. 1.2 und 1.4.

ristische Kriterium zum Differenzieren der hier untersuchten Teilklasse „elektroakustisch dargebotener Objekte“ von anderen Klassen. Der Grund dafür wird bei der zuvor dargestellten Betrachtung des Begriffs „Virtuelle Realität“ deutlich: Zur Unterscheidung der Klassen „Realität“ und „Virtueller Realität“ ist der Begriff „Realität“ mit Bezug auf die Vorerfahrung eigentlich unbrauchbar, denn beide Klassen sind – wie oben dargestellt – genau genommen Teil desselben Begriffs, nämlich des Wirklichkeitsbegriffs. Eine Messung, die nach einem Vergleich von „Virtueller Realität“ und „Realität“ im Allgemeinen fragt, kann bei exakter Fragestellung allenfalls Invarianten aber keine Unterschiede bestimmen. Daher ist auch die Verwendung des Merkmals „realistisch“, wie es in psychoakustischen Untersuchungen vielfach gebraucht wird, fragwürdig. Ob uns ein Wahrnehmungsobjekt plausibel erscheint oder nicht, entscheidet sich durch Zuordnung von Wahrnehmungsobjekten in *disjunkte* Klassen, die als Teilklassen innerhalb eines Wirklichkeitsbegriffs existieren. Klassifikation ist daher notwendig aber nicht hinreichend für eine Plausibilitätsbewertung.

2.4 Inferente Klassenbeziehungen

Für die Plausibilitätsbewertung wird Klassifikation erst sinnvoll, wenn wir den hierarchischen Klassenbegriff in einen inferenten Zusammenhang stellen. Denn solange Klassen durch den Vergleich konkreter Objekte ausschließlich nominativ gebraucht werden, bleibt der Klassenbegriff auf das jeweilige Objekt im Moment der Wahrnehmung beschränkt. Beispiel: Ein konkretes Musikinstrument kann als „Streichinstrument“ klassifiziert werden durch Vergleich mit anderen konkret vorhandenen Streichinstrumenten. Jedoch ermöglich dies nicht zwingend, dass der Begriff *Streichinstrument* als Abstraktum (in allen denkbaren Varianten von Streichinstrumenten) für die Reflexion verfügbar ist. Klassifikation allein ermöglicht weder eine Reflexion über die Klasse, noch die Ausdehnung einer Klasse auf alle ihre *möglichen* Wahrnehmungsobjekte. Beides ist aber notwendig, um Plausibilität zu bewerten:

Plausibilität, wie sie in Abschn. 1.2 definiert wurde, liefert eine Aussage darüber, in welchem Maß ein Wahrnehmungsobjekt mit der Vorerfahrung übereinstimmt. Die Vorerfahrung als Referenz entsteht, wie wir gesehen haben, aus einer Vielzahl von Wahrnehmungsobjekten, die in ihrer Bedeutung erkannt, klassifiziert und zueinander in Beziehung gesetzt wurden. Sollen diese Objekte der Vorerfahrung als Referenz für einen Ähnlichkeitsvergleich genutzt werden, ist es notwendig, dass sie nicht einzeln, sondern als abstrakte Klasse von Objekten verfügbar sind. Anhand des Beispiels der Klasse „Streichinstrumente“ ist offensichtlich, dass wir ein konkretes Streichinstrument nicht durch Vergleich mit allen einzelnen Streichinstrumenten unserer Vorerfahrung als solches identifizieren, sondern durch ein konzeptionelles Verständnis der Klasse „Streichinstrumente“, mit dem gemäß unserer Erfahrung gewisse regelmäßige (Klang-) Eigenschaften verbunden sind. Um Ähnlichkeit (und damit auch Plausibilität) ohne Anwesenheit eines konkreten Referenzobjekts zu beurteilen, bedarf es also der Betrachtung der Klasse losgelöst vom Objekt: Dazu ist es zum einen notwendig, dass das Schema, das zur Verarbeitung eines möglichen Zeichens für den Verweis auf dessen Bedeutung verwendet wird, auch gedanklich d. h. ohne materielle Anwesenheit des Repräsentamens, gebraucht werden kann. Zum anderen ist es notwendig, dass eine Reihe logischer Operationen verfügbar sind, um prüfen zu können, ob ein Wahrnehmungsobjekt den Regelhaftigkeiten einer bestimmten Klasse genügt.

Hinsichtlich der logischen Operationen, die in diesem Zusammenhang relevant sind, existieren einige unterschiedliche Modelle, beispielsweise „formale Operationen“ nach Piaget (1970) (siehe auch Ginsburg und Opper 2004), die *Theory of Constructive Operators* (Pascual-Leone und Goodman 1979) sowie die hierarchische Organisation von Operationen nach Fischer (1980). Eine Übersicht gibt Morra et al. (2008). Unterschiede zwischen diesen Theorien bestehen insbesondere hinsichtlich der Modellbildung zur geistigen Entwicklung von Kindern – ein Aspekt, der im Rahmen der hier durchgeführten Betrachtungen nur von geringer Bedeutung ist. Gemeinsam ist jedoch diesen Theorien, dass sie für ältere Kinder und Erwachsene (ab ca. 11 Jahre) von Fähigkeiten zu abstrakten Denkprozessen ausgehen, die die Reflexion über Klassen ermöglicht. Piaget spricht in diesem Zusammenhang von sogen. formaloperationaler Fähigkeiten des Wahrnehmenden (vgl. Piaget 1970).

Durch die Definition der Klasse als Abstraktum mit einer zugrundeliegenden Regelhaftigkeit wird die Anzahl der möglichen Elemente innerhalb einer Klasse u. U. beliebig: Beispielsweise sind innerhalb der zuvor genannten Klasse „Streichinstrumente“ beliebig viele mögliche Streichinstrumente vorstellbar. Die Zugehörigkeit eines Elements zu einer bestimmten Klasse kann dann durch logischen Zusammenhang und nicht allein durch konkreten Vergleich bestimmt werden. Dies bedeutet, dass die Klassen durch Inferenz beschrieben werden, nämlich durch Deduktion (Schließen von der allgemeinen Klasse auf die Teilklasse) oder durch Induktion (Schließen von der Teilklasse auf die übergeordnete, allgemeinere Klasse)[9].

Beispiel: Definieren wir innerhalb der Klasse „Streichinstrumente“ die Teilklasse der „Violinen“, können wir zum einen durch Betrachten und Hören von konkret vorhandenen Violinen feststellen, ob ein zu untersuchendes Streichinstrument diesen ähnelt und es sich daher ebenfalls um eine Violine handeln muss. Zum anderen können wir aber auch inferent eine Vorstellung von möglichen Violinen entwickeln, indem wir die Eigenschaften ihrer Bauweise und ihres Klangs aus Erfahrung als Regelhaftigkeiten deuten, und so eine beliebig große Teilklasse mit Hilfe eines Zuordnungskriterium entwickeln, nachdem wir das zu untersuchende Streichinstrument beurteilen.

Die Gesetzmäßigkeit, die der jeweiligen Teilklassenbildung zugrunde liegt, ist im Einzelfall von der Erfahrung abhängig. Zwar konnten verschiedene Autoren grundlegende Gesetze feststellen, mit denen wir im Alltag konfrontiert sind und die

[9] Auch deduktive und induktive Zusammenhänge sind Teil eines geistigen Entwicklungsprozesses: Kinder bis ins Alter von ca. 3 Jahren können mangels Unterscheidung zwischen Einzelnem und Allgemeinem noch nicht deduktiv oder induktiv schließen, sondern verhalten sich transduktiv: Sie schließen von Einzelfall zu Einzelfall (Piaget 1962).

uns nach Erlernen im Kindesalter ein sinnvolles Reagieren auf Reize ermöglichen (eine Übersicht geben Ginsburg und Opper 2004). Dazu gehört beispielsweise die alltägliche Erfahrung der Entropiezunahme oder der Gravitation: Trockene Blätter eines Baumes werden vom Wind weitläufig verteilt. Es ist hingegen wenig plausibel, dass sie sich anschließend wieder in einem geordneten Zustand oder gar am Baum einfinden. Jedoch ist eine allgemeingültige Aussage, welche logischen Zusammenhänge zu einer Teilklassenbildung führen, offensichtlich nicht möglich.

Doch auch ohne Aussagen über allgemeine Gesetze zu treffen, die die Teilklassenbildung ermöglichen, können wir feststellen, dass erst das Zusammenwirken von Klassifikation und Inferenz ein System zur Verfügung stellt, das die Reflexion über eine Klasse als Abstraktum erlaubt und damit die Voraussetzung für eine Plausibilitätsbewertung schafft. Durch den inferenten Klassenzusammenhang ist die Klasse als Objekt auch dann für die Reflexion verfügbar, wenn kein Objekt der Umwelt als konkretes Klassenelement vorhanden ist. Klassifikation ist also eigentlich nur sichtbares Abbild eines mentalen Abstraktionsprozesses, der Klassifikation und damit auch Plausibilitätsprüfung zur einer konzeptionellen Analyse macht: Wir analysieren mit Hilfe unserer Vorerfahrung die (vermuteten) Regelhaftigkeiten des Wahrnehmungsobjekts und prüfen sie auf Übereinstimmung zu den Regeln, die der jeweiligen Klassendefinition zugrunde liegen.

2.5 Schlussfolgerungen: Die „innere Referenz“ als dynamisches System

Der vorangegangene Abschnitt hat mehrere *top-down*-Prozesse betrachtet, die dazu dienen, Wahrnehmungsobjekte zu strukturieren:

- Prozesse der Invariantenbildung, mit deren Hilfe wir zu Konstanzleistungen fähig sind. Konstanzleistungen erlauben es uns, wiederkehrende Eigenschaften von Objekten der Umwelt zu erkennen, selbst wenn uns diese Objekte unter anderen Bedingungen begegnen (z. B. in wechselnden Perspektiven).
- Prozesse der Assimilation und Akkommodation, in denen Schemata zum Erkennen von Wahrnehmungsobjekten verwendet und an neue Situationen angepasst werden.
- Prozesse der Klassenbildung und Klasseninklusion, die den Aufbau eines hierarchischen Klassifikationssystems zur Strukturierung und Benennung von Wahrnehmungsobjekten ermöglichen.
- Inferente Prozesse im Sinne von Klassenbeziehungen, die Teilklassen durch logische Relationen definieren, diese ggf. zu unendlichen Klassen erweitern und als Abstraktum für die Reflexion verfügbar machen.

Wir haben gesehen, dass die Entwicklung der Referenz zur Beurteilung von Plausibilität mit der Entwicklung neuer Schemata durch Akkommodation verbunden ist. Diese Schemata ermöglichen uns letztlich die Klassifikation von Wahrnehmungsobjekten und den Vergleich des Wahrnehmungsobjekts mit einer „Referenzklasse“: Durch Vorerfahrung entwickeln wir ein konzeptionelles Klassenverständnis, das sich auf die Analyse von Regelhaftigkeiten des Wahrgenommenen fokussiert. Solche inferenten Zusammenhänge zwischen Klassen erlauben uns eine Reflexion über Klassen losgelöst vom konkreten Wahrnehmungsobjekt.

Durch ein solches System von Klassifikation und inferenter Beziehung erschließt sich also ein Klassenbegriff, der eine beliebige Menge von Elementen und damit die Beurteilung der „Stimmigkeit“ zulässt. Die Plausibilität eines Objekts ist eine Beschreibung dafür, in welchem Maß die Eigenschaften dieses Objekts der Gesetzmäßigkeit einer bestimmten Klasse entsprechen. Plausibilität ist folglich mit dem Begriff der Klasse verknüpft und vor dem Hintergrund der Klasse sinnvoll definierbar. Die bisherige Definition der Referenz einer Plausibilitätsmessung kann daher nun genauer gefasst werden:

Definition (vorläufig): Die Referenz der Plausibilitätsmessung ist das Ergebnis aller denkbaren Wahrnehmungsereignisse innerhalb eines jeweiligen Systems von relationaler und klassifizierender Inferenz.

Man beachte hierbei, dass die vorliegende Definition der Referenz im Sinne eines Systems die *top-down*-Prozesse der Urteilsbildung in den Vordergrund rückt: Das Verhalten wird durch die Vielzahl von Objekten der Vorerfahrung bestimmt, die für die Referenz herangezogen werden.

Aufbauend auf obiger Definition ist es für die Beurteilung notwendig, dass Objekte als „nicht der Erwartung entsprechend“ erkannt werden, wenn wir ihre Plausibilität auf einer kontinuierlichen Skala bestimmen wollen: Würden wir sie als das klassifizieren, was wir idealerweise erwarten, hielten wir sie im Sinne der Begriffsdefinitionen aus Abschn. 1.2 für authentisch. Authentizität ist auf der Wahrnehmungsebene also ein absolutes Maß, wohingegen Plausibilität graduelle Abstufungen kennt. Solche Abstufungen sind aber erst durch Vergleich zweier *unterschiedlicher* Objekte möglich. Dies setzt voraus, dass Objekte mit Hilfe ähnlicher, aber nicht identischer Schemata verarbeitet wurden. Folglich sind Akkommodationsprozesse eine notwendige Voraussetzung für Plausibilität! Daraus folgt des Weiteren, dass Akkommodation auch eine Voraussetzung ist, um Virtualität von Realität zu unterscheiden.

Der Mensch als Messgerät kann also nur dann Plausibilität bewerten, wenn er sich der jeweiligen Wahrnehmungssituation anpasst. Die Akkommodation und damit die Änderung der „inneren Referenz“ ist die Voraussetzung, um überhaupt von Plausibilität sprechen zu können. Im Sinne der Messtechnik ist dies ein überraschendes und wichtiges Ergebnis, denn wir haben es also bei der Veränderung der Referenz nicht etwa mit einer „Messungenauigkeit“ oder gar einer Störvariablen zu tun, sondern mit einer notwendigen Eigenschaft des Prozesses, ohne den die Messgröße Plausibilität nicht bestimmt werden kann. Damit ist auch offensichtlich, dass Plausibilität als Messgröße für sich allein genommen nur in einem sehr begrenzten und klar definierten Kontext der Anwendung sinnvolle Aussage liefert. Durch den Akkommodationsprozess und die Klassifikation ist Plausibilität zunächst ein höchst individuelles Urteil. Gerade bei konnotativ gebrauchten Klassifikationen wird dies deutlich (vgl. Abschn. 2.1, 2.3 und 2.4).

Wenn wir also zu allgemeingültigeren Aussagen über Plausibilitätsurteile gelangen wollen, stellt sich die Frage, inwiefern der Entstehungsprozess des Urteils beschrieben werden kann, um das Urteilsverhalten sinnvoll zu interpretieren. Um diese Frage zu beantworten, ist es notwendig zu untersuchen, wie die Wahrnehmung mit unbekannten Reizen umgeht: Wenn einige Merkmale nicht durch die Regelhaftigkeiten der Klasse beschrieben werden, fehlt zunächst die Grundlage, um Plausibilität in Bezug auf diese Klasse zu bewerten. Die Klasse muss daher erweitert werden, bevor Plausibilität auch für solche neuen Reize sicher beurteilt werden kann. Es ist zu vermuten, dass sich dies auch auf das Urteilsverhalten auswirkt: Solange sich das Wahrnehmungssystem in einem Disequilibrium befindet, ist das Urteilsverhalten nicht gefestigt, d. h. die Urteile streuen stärker als bei Reizen, die bereits bekannt sind.

Plausibilität ist also eine Eigenschaft, die aus unserer Erfahrungswelt und aus regelhaften Klassenbeziehungen erwächst. Diese wiederum sind Ergebnis unseres Handelns und unseres Erlebens der Umwelt, dabei jedoch nicht vorab objektiv definiert. Unsere Wahrnehmung wird hier nicht zunächst durch den Stimulus bestimmt, sondern durch eine dynamische Suche nach der besten Interpretation der verfügbaren Reize (Gregory 1966). In dieser Sichtweise des radikalen Konstruktivismus sind die individuellen Klassen und ihre Relationen, nach denen wir Plausibilität ermessen, keine allgemeingültige Referenz, sondern ein Netzwerk von Begriffen und Beziehungen, das sich aus Erfahrung entwickelt und sich in unserer Alltagswelt bewährt hat (Glasersfeld 2008). Deren Subjektivität wird gerade dann deutlich, wenn wir den Bereich der Simulation verlassen und uns in virtuelle Welten begeben, denen der unmittelbare Bezug zur Realität fehlt. Während die Simulation versucht, so exakt wie möglich zu sein, wird der Begriff „realistisch“ in der eigentlichen Bedeutung des Wortes sinnlos, wenn wir ihn auf Welten anwenden, die ausschließlich medial existieren. Denn diese plausiblen Welten sind eigentlich keine simulierte Realität, sondern genauer gesagt virtuelle Wirklichkeit (Esposito 1998). Mangels Vergleichswert sind sie nicht anhand der Realität, sondern allenfalls mit Hilfe ihrer selbst, nämlich auf der Basis der (perzeptiven) Wirklichkeit, objektivierbar. In der Diskussion um die „Realitätstreue“ von audio-visuellen Systemen geht dieser Aspekt vielfach verloren, da die englischsprachige Literatur mangels Konstrukt die Unterscheidung zwischen äußerer Realität und subjektiv erlebter Wirklichkeit nicht kennt. Aus Sicht des Autors kritisiert Regenbrecht (2000) zurecht, dass gerade im Bereich der Präsenzforschung hier unterschiedliche Auffassungen vorliegen, die in der Literatur oftmals nicht hinreichend differenziert werden.

Das vorliegende Problem bei der Analyse des Mess- und Wahrnehmungsprozesses beschreibt Cassirer (1971) sehr präzise:

> Überall wo eine schöpferische Tätigkeit des Geistes vorliegt, aus der eine bestimmte Seinsgestaltung hervorgeht, läßt sich fragen, ob in der Untersuchung und Analyse dieses Sachverhalts mit diesem „Sein“ begonnen oder ob auf das Tun selbst, als das eigentlich Ursprüngliche, zurückgegangen werden soll. (Cassirer 1971, S. 68)

Plausibilität ist als Teil eines pluralisierten Wirklichkeitsbegriffs nur innerhalb der jeweiligen Wirklichkeit selbst objektivierbar. Sie kann folglich nicht allein durch die Beziehung zwischen Stimulus und Perzept, sondern in erster Linie durch die Beziehung ihrer Ausprägung als Urteil und ihrer durch den Wahrnehmungsprozess vorgegebenen strukturellen Beschaffenheit objektiv beschrieben werden. Der Widerspruch von Subjektivität und Objektivität besteht hier nur scheinbar: Mit Blick auf die vorangegangenen wahrnehmungspsychologischen Betrachtungen können wir feststellen, dass eine Vergleichbarkeit von Urteilen dann gegeben sein kann, wenn wir nicht das Urteil an sich, sondern das Verhältnis mehrerer Urteile zueinander betrachten – sei es intraindividuell über einen zeitlichen Entwicklungsprozess, sei es interindividuell zwischen verschiedenen Versuchspersonen. Akkommodations- und Klassifikationsprozesse ereignen sich offenbar nicht beliebig, sondern nach gewissen Regeln, die das Urteilsverhalten unmittelbar beeinflussen. Folglich müssen diese Regeln und Klassenbeziehungen auch im Vergleich verschiedener Plausibilitätsurteile sichtbar werden.

Ein objektives Verständnis von Wirklichkeit würde sich somit nicht aus dem Plausibilitätsurteil selbst, sondern aus den Verhältnissen verschiedener Plausibilitätsurteile und Klassensysteme zueinander ergeben. Plausibilität medial rezipierter Wirklichkeit wird zunächst an der Klasse nicht-medialer Wirklichkeit gemessen. Wenn das Medium selbst nun charakteristische Eigenschaften aufweist, die den Hörer auf den Übertragungskanal als Sender von Information hindeuten (vgl. Abschn. 2.1), müssen Plausibilitätsurteile für alle medial rezipierten Stimuli im Verhältnis zu ihrer jeweiligen Klasse typische Änderungen gegenüber den jeweiligen nicht-medial rezipierten Stimuli aufweisen. Andernfalls könnte der Übertragungskanal nicht durch eine für ihn charakteristische, d. h. wiederkehrende Information wahrgenommenen werden, sondern würde als zufällige Störung in Erscheinung treten. Wenngleich also Klassensysteme eine individuelle Struktur besitzen, können wir aus den bisherigen Darstellungen (zunächst hypothetisch) schlussfolgern, dass die Plausibilitätsurteile für medial und nicht-medial rezipierte Objekte in einem typischen Verhältnis zueinander stehen müssen, das für den Übertragungskanal (und die jeweilige Wahrnehmungssituation) charakteristisch ist. Zum einen muss dies qualitativ gelten – d. h. bezüglich der dem Plausibilitätsurteil zugrundeliegenden Faktoren (Wahrnehmungsdimensionen). Zum anderen muss es aber auch quantitativ gelten – d. h. hinsichtlich der Urteilsausprägung.

Ferner können wir messtheoretisch feststellen, dass die Beurteilung von Virtualität nur dann möglich ist, wenn sie gegen eine (mögliche) Realität abgegrenzt werden kann. Wirklichkeit im Sinne einer „Möglichkeit" erschließt sich aus der Struktur bereits existierender Klassen, deren inferente Beziehungen die Eigenschaften denkbarer Elemente definieren. Wenn uns medial rezipierte Objekte bereits aus nicht-medialisierten Situationen bekannt sind, ist die Klasse, die als Referenz verwendet wird, klar abgegrenzt und das Urteil damit klar definiert. Wenn wir jedoch in einer Virtuellen Umgebung mit Szenarien konfrontiert sind, die zwar denkbar sind, die wir jedoch in dieser konkreten Form noch nicht außerhalb des Mediums erlebt haben, können wir nur mit Hilfe der medialen Situation selbst auf die abstrakte Klasse schließen, die hier zur Plausibilitätsbewertung herangezogen werden sollte. Das Urteil ist folglich einer Unschärfe unterworfen, weil die mediale Darbietung die Klassifikation und damit auch das Plausibilitätsurteil beeinflusst.

Aufgrund der bisherigen Ausführungen können wir zu einzelnen Aspekten des Beurteilungsprozesses folgende Schlussfolgerungen ziehen. Diese Punkte werden zunächst als Hypothesen betrachtet, die nachfolgend anhand konkreter Szenarien exemplarisch untersucht werden.

- Das zu beurteilende Wahrnehmungsobjekt wird nicht nur klassifiziert, sondern beeinflusst auch systematisch die jeweilige Klassenstruktur. Plausibilitätsurteile sind folglich abhängig vom zeitlichen Ablauf der zu bewertenden Objekte. Auf *Simulation*-Systeme bezogen bedeutet dies, dass die technische Wiedergabequalität nicht nur hinsichtlich ihrer Plausibilität beurteilt wird, sondern durch einen *top-down*-Prozess auch das Urteil beeinflusst. Diese Akkommodationsprozesse werden im Urteilsverlauf sichtbar. (Vgl. hierzu Versuch 1, Abschn. 3.2)
- Die Klasse bestimmt als Referenz die relevanten Merkmale, die für ein Plausibilitätsurteil herangezogen werden. Wird nun die Wahrnehmung mit unbekannten Reizen konfrontiert, bei denen einige Merkmale nicht durch das Klassensystem beschrieben werden, ist die Urteilsreferenz nicht vollständig definiert. Die Verarbeitung der Reize mit Hilfe der vorhandenen Klassen ist aufgrund eines Disequilibriums gestört. Dies beeinflusst nicht nur das absolute Plausibilitätsurteil, sondern auch die Zuverlässigkeit des Urteilsverhaltens (Streuung). Für unbekannte Reize wird Plausibilität daher durch zwei Größen charakterisiert, nämlich durch das das absolute Urteil, sowie durch die erhöhte Streuung der Urteile. (Vgl. hierzu Versuch 2 in Abschn. 3.3)
- Wenn wir Plausibilität als einen Spezialfall von Ähnlichkeitsbewertungen auffassen, müssen sich diese Plausibilitätsurteile auch als Distanzmaße in einem Ähnlichkeitsraum abbilden lassen. Dies bedingt,

    1. dass die Klassen und damit die Urteile auf der Basis interindividuell vergleichbarer Faktoren (Wahrnehmungsdimensionen) entstehen und
    2. dass das Plausibilitätsurteil innerhalb eines individuellen Klassensystems jeweils der Distanz zwischen einem zu bewertenden Wahrnehmungsobjekt und einem erwarteten Wahrnehmungsobjekt entspricht, wobei letzteres durch die jeweilige Klasse repräsentiert wird. In diesem Zusammenhang stellt sich die Frage, in welcher Weise Klassen überhaupt messtechnisch abgebildet werden können (vgl. hierzu Versuch 3 in Abschn. 3.4).

       Für die Untersuchung dieses Sachverhalts ist es notwendig, die dem Plausibilitätsurteil zugrundeliegenden Wahrnehmungsdimensionen zu erkunden und innerhalb dieser Dimensionen ein geeignetes Verfahren für die Abbildung der Klassen zu entwickeln.

Im folgenden Kapitel werden die oben dargestellten Hypothesen in Beziehung zu alltäglichen Anwendungsbeispielen medialer Reproduktion gesetzt und exemplarisch überprüft. Ferner werden die Versuchsdaten ex-post explorativen Untersuchungen unterzogen. Es sei an dieser Stelle bereits angemerkt, dass sich – wie bei allen Hypothesen – deren Allgemeingültigkeit letztendlich nur durch vielfache

Überprüfung im Kontext unterschiedlicher Szenarien erweisen kann. Im Rahmen der hier beschriebenen Untersuchungen ist eine solche experimentelle Darstellung nur für eine gewisse Bandbreite medialer Wiedergabesituationen möglich. Wir werden uns daher in ausgewählten Szenarien darauf beschränken, die Methodik in den Vordergrund zu rücken: Der Fokus liegt auf der Frage, welches Vorgehen notwendig ist, um die genannten Prozesse abzubilden. In diesem Sinne steht bei den nun folgenden Versuchen der explorative Charakter der Untersuchungen im Zentrum: Die methodische Betrachtung des jeweiligen Versuchs, um ein Urteilsverhalten auf der Basis individueller Referenzen messtechnisch abzubilden.

Kapitel 3
Abbildung von Plausibilitätsbeurteilungsprozessen am Beispiel konkreter Szenarien

3.1 Einleitung

Die vorangegangenen Kapitel haben Plausibilität als Wahrnehmungsgröße in den Kontext existierender Modelle für perzeptive Messungen eingeordnet und als Ergebnis eines strukturierenden Wahrnehmungsprozesses diskutiert. Wir haben gesehen, dass das absolute Plausibilitätsurteil als Messwert interindividuell und zeitlich starken Schwankungen unterworfen sein kann. Jedoch zeigen die Ausführungen zu strukturierenden Eigenschaften der Wahrnehmung, dass u. U. zusätzliche Messungen, die den *Prozess* beschreiben, ergänzende Aussagen über Plausibilität erlauben können, nämlich bezüglich der zeitlichen Urteilsentwicklung, des Urteilsverhaltens bei unbekanntem Stimulusmaterial sowie hinsichtlich der dem Plausibilitätsurteil zugrundeliegenden Wahrnehmungsdimensionen.

Auf der Basis dieser Darstellung sind wir zu hypothetischen Eigenschaften der Plausibilitätsbewertung und der entsprechenden Referenzen gelangt, die nun einer experimentellen Überprüfung unterzogen werden sollen. Dieses Kapitel wird die zuvor entwickelten Aussagen über den hier untersuchten Wahrnehmungsprozess jeweils im Kontext von Anwendungsszenarien betrachten, anhand derer ein geeignetes experimentelles Setting entwickelt wird. Exemplarisch dient dieses dann zur Überprüfung der Hypothesen sowie ex-post zu weiteren explorativen Auswertungen der gewonnenen Daten.

Nachdem die Einleitung die Breite des Themas aufgezeigt hat, sollen die folgenden Untersuchungen nun spezielle Aspekte der Strukturierung der „inneren Referenz" des Plausibilitätsurteils in den Vordergrund stellen. Diese ausgewählten Aspekte betreffen Wahrnehmungsprozesse, die nicht nur im Kontext einzelner spezifischer Wiedergabetechnologien relevant sind, sondern in einer Vielzahl möglicher Szenarien eine Rolle spielen.

Dies bedingt, dass die Auswahl der jeweiligen Audiosysteme für die Versuchsdurchführung eher exemplarisch anzusehen ist. Hier soll gerade nicht ein einzelnes spezifisches Audiosystem im Hinblick auf seine Plausibilität untersucht werden – vielmehr ist der strukturierende Prozess, der zur inneren Referenz des Urteils führt, Gegenstand der Untersuchungen. Die Frage, inwieweit die Ergebnisse der nachfolgend dargestellten Experimente auch auf andere Wiedergabesituationen übertragbar

C. Kuhn-Rahloff, *Realitätstreue, Natürlichkeit, Plausibilität*,
DOI 10.1007/978-3-642-22072-2_3, © Springer-Verlag Berlin Heidelberg 2012

sind, wird in den jeweiligen Abschnitten zur Diskussion der Versuchsergebnisse erörtert werden.

In diesem Sinne hat die nachfolgend dargestellte Auswahl an Versuchen drei Funktionen: (1) Die Hypothesenprüfung im Rahmen des jeweiligen Szenarios, (2) verallgemeinernde Schlussfolgerungen bezüglich anderer Wiedergabesituation und deren Diskussion sowie schließlich (3) die Entwicklung einer exemplarischen Methodik, um Plausibilitätsbewertung als Messgröße und als Prozess mit Bezug auf die jeweilige Referenz abbilden zu können.

Dieses Kapitel wird insgesamt vier Versuche darstellen:

1. Eine Untersuchung zur zeitlichen Entwicklung von Plausibilitätsurteilen in Abhängigkeit der Wiedergabequalität. Hier geht es um Wiedergabesituationen, in denen dem Hörer ein Vergleich mit einer Referenz außerhalb des Mediums nicht möglich ist. Aufgrund der Argumentationen aus Kap. 2 können wir annehmen, dass bei diesen Beurteilungen Akkommodationsprozesse wirksam werden, die das Urteilsverhalten beeinflussen. Dabei steht die Frage im Vordergrund, welche Gemeinsamkeiten im Verlauf des Urteilsverhaltens mehrerer Probanden erkennbar sind (Abschn. 3.2).
2. Ein Versuch zu Eigenschaften von Plausibilitätsurteilen, in dem Probanden mit unbekannten Reizen konfrontiert werden. Hier stellt sich die Frage, wie Merkmale in das Urteil integriert werden, die durch die jeweilige Referenz nicht eindeutig beschrieben werden. In diesem Zusammenhang wird auch die grundsätzlichere Frage erörtert, inwieweit Plausibilität in Bezug auf individuelle Klassen überhaupt sinnvoll erhoben werden kann (Abschn. 3.3).
3. Eine Untersuchung zur Darstellung von Klassen in einem Ähnlichkeitsraum sowie zum Zusammenhang von Plausibilitätsurteilen und Distanzmaßen in diesem Ähnlichkeitsraum (Abschn. 3.4). Diese Untersuchung betrachtet drei Aspekte:
   - Eine Erkundung der dem Plausibilitätsurteil zugrundeliegenden Wahrnehmungsdimensionen (Faktoren)
   - Die Entwicklung einer geeigneten Abbildung für Klassen als Wahrnehmungsobjekte und als Bezugsgrößen innerhalb dieses Ähnlichkeitsraums.
   - Eine Untersuchung der dem Urteilsverhalten zugrundeliegenden Minkowski-Metrik.
4. Zuletzt ein ergänzender Versuch, der die Wahrnehmungsattribute untersucht, welche mit den Dimensionen aus Versuch 3 verbunden sind.

Es stehen also drei Aspekte im Blickpunkt der Experimente: Zunächst in Versuch 1 die Untersuchung von zeitlichen Entwicklungen des Urteilsverhaltens. In Versuch 2 geht es um die Frage, wie unbekannte Reize in ein durch Vorerfahrung entstandenes Referenzsystem integriert werden. Die Versuche 3 und 4 schließlich betrachten die hinter dem Plausibilitätsurteil liegenden Faktoren und Metriken. Diese Untersuchungen sollen Eigenschaften des Plausibilitätsbeurteilungsprozesses beleuchten und dadurch Plausibilität über das absolute Urteil hinaus beschreiben. Schließlich sollen die Versuche auch dazu dienen, Anforderungen an den Messprozess bei derart komplexen und individuell strukturierten Referenzen zu definieren. Das Verständnis des Wahrnehmungsprozesses ist letztendlich die Grundlage, um den Messprozess mit Hilfe des Messgeräts „Mensch“ beschreiben zu können.

Für die im Folgenden dargestellten Versuche wird jeweils kurz die Verbindung zu einem Szenario aus der audiotechnischen Praxis dargestellt und die jeweilige Fragestellung entwickelt. Anschließend werden die Stimuli und die experimentelle Durchführung erläutert. Die Ergebnisse werden dann für jeden Versuch einzeln diskutiert. Eine Gesamtdiskussion der Ergebnisse liefert schließlich Kap. 4.

3.2 Versuch 1 – Elektroakustische Reproduktion als Zugang zur Wirklichkeit: Der Einfluss der Vorerfahrung auf das Plausibilitätsurteil

3.2.1 Versuchskontext und Hypothesen

Kapitel 2 hat den mit medialer Darbietung verbundenen Wahrnehmungsprozess als eine „dynamische Suche nach der besten Interpretation der verfügbaren Daten“ dargestellt (Gergory 1966). Diese „bestmögliche Interpretation“ ist, wie wir gesehen haben, einem permanenten Wandel unterworfen, da unbekannte Reize nicht nur klassifiziert werden, sondern auch das Klassensystem erweitern und durch Akkommodation verändern. Die Vorerfahrung als Referenz für Plausibilitätsurteile ist damit ebenfalls diesen Veränderungen unterworfen. Aufgrund der Argumentation zum Begriff der Realität (Abschn. 2.5) müssen wir annehmen, dass das damit verbundene Wirklichkeitsverständnis durch mediale Wahrnehmungsobjekte unmittelbar beeinflusst wird und nicht allein auf eine Klassifikation vor dem Hintergrund einer „nicht-medialen“ Vorerfahrung beschränkt ist. Mediale Wirklichkeit würde folglich das Plausibilitätsurteil über mediale Wirklichkeit selbst verändern. Daher soll im folgenden Versuch dieser Einfluss medialer Wiedergabe auf das Urteilsverhalten operationalisiert werden.

Die Beeinflussung von Plausibilitätsurteilen ist gerade dann relevant, wenn wir mit elektroakustischen Wiedergabesystemen konfrontiert sind, deren dargebotenen Objekte zwar in der realen Welt existieren *könnten*, diese jedoch als Referenz selbst nicht unmittelbar verfügbar sind. In alltäglichen Audiowiedergabesituationen ist dies zumeist der Fall. Die angemessene Referenz zur Beurteilung des Wahrgenommenen kann vom Wahrnehmenden in diesem Fall nur mit Hilfe der medialen Wahrnehmungsobjekte selbst bestimmt werden. Die Referenz, die für das Plausibilitätsurteil über mediale Wirklichkeit herangezogen wird, ist also nur durch die mediale Wirklichkeit zugänglich.

Wenn ein Hörer mit medial reproduzierten Wahrnehmungsobjekten konfrontiert wird, die mehr oder weniger offensichtliche Artefakte des Mediums aufweisen, kann er also nur mit Hilfe dieser Objekte die vermutete, nicht-mediale Wirklichkeit „rekonstruieren“, die das Wiedergabesystem versucht darzustellen. Hier spielt die Erwartungshaltung eine wichtige Rolle: Gestaltwahrnehmungsgesetze wie die Gesetze der Erfahrung oder der Kontinuität (vgl. Katz 1943) ermöglichen es, selbst bei begrenzter Information Wahrnehmungsobjekte zu dem zu ergänzen, was wir als ihre „realen" Eigenschaften vermuten. Wie wir in Kap. 2 gesehen haben, wirken diese Prozesse strukturierend auf das individuelle Bild der Wirklichkeit und damit auch auf die Referenz des Plausibilitätsurteils, ereignen sich dabei jedoch in erheblichem Maße unbewusst.

Einen speziellen Aspekt dieses medialen Wirklichkeitsverständnisses illustrieren die Beispiele der Einleitung: Technologischer Fortschritt kann offenbar die Plausibilität medialer Wiedergabe nicht nur erhöhen, sondern auch dazu führen, dass frühere Technologien schlechter beurteilt werden, als dies vormals der Fall war. Aus Sicht des Ingenieurs wirft dies zum einen die Frage auf, ob ein solches Urteilsverhalten nicht nur langfristigen technischen Entwicklungen, sondern auch kurzfristigen Effekten unterworfen sein kann.

Der im Folgenden dargestellte Versuch soll daher die Veränderung des Urteilsverhaltens von Probanden über mediale Darbietungen in Abhängigkeit davon untersuchen, welche unterschiedlichen Wiedergabequalitäten den Probanden über die Zeit dargeboten wurde. Im Sinne der Wahrnehmungspsychologie würde man hier von *Priming* sprechen – d. h. vom Einfluss vorangegangener Reize auf das Urteilsverhalten über einen aktuell dargebotenen Stimulus (vgl. z. B. Chiu und Schacter 1995). Im hier vorliegenden Beispiel würde sich das Priming ergeben durch die Abfolge unterschiedlicher technischer Wiedergabequalitäten im Lauf der Zeit. Sofern sich bereits durch kurzfristige Primingeffekte (bei unmittelbar aufeinanderfolgender Darbietungen) Änderungen des Urteilsverhaltens zeigen lassen, würde dies die Notwendigkeit für eine prozessorientierte Beschreibung des Urteils in den Vordergrund rücken. Die Diskussion der Ergebnisse wird dann erörtern, welche Bedeutung eine solche Urteilsentwicklung für die Interpretation der Messergebnisse besitzt.

Zur Untersuchung wird hier exemplarisch ein Szenario gewählt, das bereits in der Einleitung angesprochen wurde: Die Plausibilitätsbewertung von Schallplattenwiedergabe vor dem Hintergrund einer Wiedergabe in CD-Qualität. Prinzipiell ließen sich für diesen Versuch auch diverse andere Parameter von Audiowiedergabesystemen heranziehen, gerade dann, wenn wir komplexe Systeme (Wellenfeldsynthese, Ambisonics, Binauralsysteme mit Headtracking, etc.) betrachten. Das hier gewählte Beispiel hat jedoch den Vorteil, dass sowohl die Schallplatte wie auch die CD vielen Hörern als consumer-orientierte Medien aus dem Alltag bekannt sind. Der Qualitätsschritt von Schallplatten- auf CD-Wiedergabe ist daher in vielen Wiedergabesituationen der Praxis anzutreffen und steht exemplarisch für die Entwicklung allgemein verfügbarer Medien. Die Übertragbarkeit der Versuchsergebnisse auf andere Wiedergabesituationen wird in Abschn. 3.2.5 diskutiert.

Die Schallplattenwiedergabe ist im Vergleich zur CD-Wiedergabe durch drei technische Eigenschaften gekennzeichnet: Durch die eingeschränkte Bandbreite im Frequenzbereich, durch nichtlineare Verzerrungen des Abtastsystems und schließlich das Abtastgeräusch der Nadel, das bei der CD aufgrund der Laserabtastung nicht vorhanden ist.

Wir können zunächst die Hypothese formulieren, dass bezüglich der Urteils*unterschiede* ein Effekt durch Priming besteht: Das Plausibilitätsurteil über jeweils dieselbe Schallplattendarbietung wird verringert, wenn ein Stimulus in Schallplattenqualität zunächst im Kontext von Stimuli ähnlicher Qualität und anschließend ein zweites Mal im Kontext einer Aufnahme in CD-Qualität bewertet wird. Man beachte, dass es dabei *nicht* um einen Paarvergleich von Aufnahmen geht: Dass eine Schallplatten- gegenüber einer CD-Wiedergabe relativ schlecht bewertet wird, ist trivial. Vielmehr geht es darum, das Urteil jeweils auf die „innere Referenz" des Hörers zu beziehen, d. h. die Plausibilität der Aufnahme anhand des durch die Aufnahme vermittelten Wirklichkeitsbildes zu messen. Eine Änderung des Urteilsverhaltens entspricht in diesem Fall einer Änderung der Urteilsreferenz.

Ferner stellt sich die Frage, in welchem Maß dieses Urteilsverhalten vom Stimulusmaterial abhängig ist. Da die Schallplattenwiedergabe wie oben beschrieben die Bandbreite des Signals einschränkt, kann man vermuten, dass das Urteil über schmalbandige Signale (z. B. Sprache) weniger stark beeinflusst wird als über breitbandige Signale (z. B. Musik). Wir prüfen also darüber hinaus die Hypothese, dass eine Interaktion zwischen der Urteilsänderung und dem Stimulusmaterial besteht.

Neben dieser Hypothesenprüfung ist jedoch eine Analyse der absoluten Plausibilitätsurteile im Hinblick auf eine weiterführende Betrachtung zur Referenz noch interessanter: Die Frage, inwieweit eine Aufnahme als plausibel beurteilt wird und ob die Probanden hier ein einheitliches absolutes Urteilsverhalten zeigen, berührt den Aspekt, inwieweit Plausibilität interindividuell vergleichbar ist. Wie wir in Kap. 2 gesehen haben, sind die der jeweiligen Klasse zugrundeliegenden Gesetzmäßigkeiten erheblich von der Vorerfahrung des Probanden und der individuellen Gewichtung der relevanten Merkmale abhängig. Es ist daher zu vermuten, dass die absoluten Urteile ein uneinheitlicheres Verhalten zeigen als die Urteilsdifferenzen. Inwieweit dennoch die absoluten Urteile zur Bewertung von Plausibilität und zur interindividuell vergleichbaren Abbildung eines möglichen Primings herangezogen werden können, bleibt zu zeigen. Daher wird neben der Hypothesenprüfung eine ausführliche Analyse der einzelnen Urteilsverläufe und Kommentare der Probanden durchgeführt. Wir werden im Folgenden sehen, dass die Kommentare der Probanden zu ihren jeweiligen Urteilen interessante Aspekte des Urteilsprozesses beleuchten.

3.2.2 Stimuli

Für die Stimuli wurden je drei Versionen aus den folgenden vier Tonbeispielen erstellt:

1. Männliche Stimme (Sprache)[1]
2. Weibliche Stimme (Sprache)[2]
3. Kammerensemble (Streicher, Cembalo)[3]
4. Sinfonieorchester (Tutti)[4]

---

[1] Audio: EBU-SQAM (2008), Track 50.

[2] Audio: EBU-SQAM (2008), Track 51.

[3] Audio: Bach (2001), Track 1.

[4] Audio: Shostakowitsch (1993), Track 4.

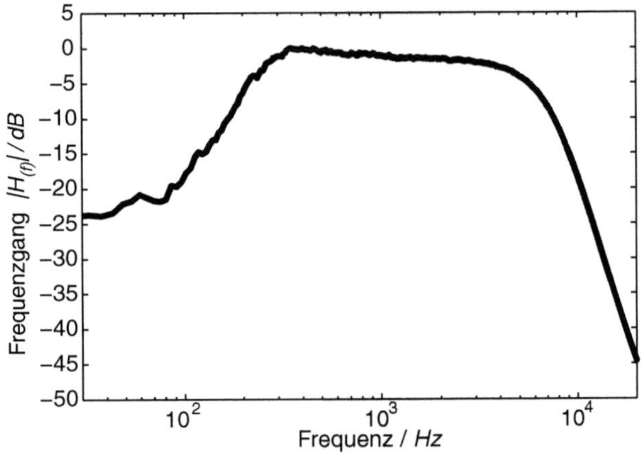

Abb. 3.1 Versuch 1, Frequenzgang der Schallplattensimulation (im Bereich 30 Hz–20 kHz)

Auswahlkriterien für das Audiomaterial waren zum einen die unterschiedliche Bandbreite der Signale (Sprache in zwei Versionen und verschiedene Besetzungen von Musikensembles) sowie die Tatsache, dass alle vier Stimuli prinzipiell auch ohne elektroakustische Wiedergabe vorstellbar sind (daher wurde z. B. kein Pop-Musik-Beispiel verwendet). Die Stimuli hatten jeweils eine Länge zwischen 20 und 30 s und lagen in CD-Qualität vor (44,1 kHz, 16 bit).

Von diesen Stimuli in CD-Qualität wurden je zwei Versionen in Schallplattenqualität[5] erstellt, die sich durch den Signal-Rauschabstand unterschieden. Um die Schallplattenwiedergabe zu simulieren, wurden die Stimuli mit einer entsprechenden Software aus dem Tonstudiobereich bearbeitet[6]. Die Schallplattenwiedergabe wurde dabei durch drei Parameter abgebildet (vgl. Välimäki und González 2008):

- Einschränkung der Bandbreite des Nutzsignals
- Nichtlineare Verzerrungen (die bei realen Schallplattenspielern auf das Abtastsystem zurückzuführen sind)
- Abtastgeräusch der Nadel

Abbildung 3.1 zeigt den Frequenzgangs für das verwendete Setting. Der Klirrfaktor lag bei $THD_{(1\ \mathrm{kHz})} = 18\ \%$ bzw. $THD_{(4\ \mathrm{kHz})} = 3\ \%$. Das Abtastgeräusch der Nadel für Stimulus-Version *A* hatte einen Spitzenpegel von −9 dBFS und einen durchschnittlichen Pegel von −40 dBFS (*RMS*), für Stimulus-Version *B* lag der Spitzenpegel bei −30 dBFS und der durchschnittliche Pegel bei −53 dBFS (*RMS*). Abbildung 3.2 zeigt einen Ausschnitt des zeitlichen Verlaufs des Nadelgeräuschs.

---

[5] Die Begriffe „CD-Qualität" bzw. „Schallplattenqualität" bezieht sich an dieser Stelle auf die technischen Parameter des Materials (Abtastfrequenz/Bandbreite, Signal-Rausch-Abstand, etc.). Im Übrigen wird jedoch in dieser Darstellung der Qualitätsbegriff im perzeptiven Sinn verwendet.

[6] Izotope Vinyl V1.73, www.izotope.com.

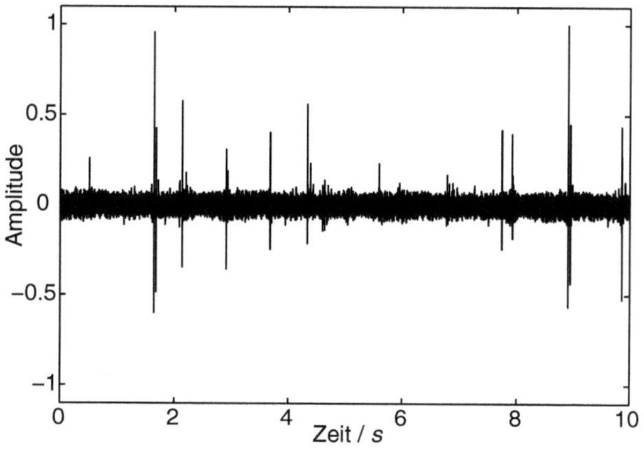

Abb. 3.2 Versuch 1, zeitlicher Verlauf des Abtastgeräuschs der Schallplattensimulation

Stimulus-Version *C* entsprach jeweils dem unbearbeiteten Audiomaterial (CD-Qualität).

Die Stimuli wurden zunächst in CD-Qualität auf gleichen Spitzenpegel normalisiert (0 dBFS) und anschließend für die Schallplattensimulation gefiltert. Es lagen also insgesamt 12 verschiedene Stimuli vor, acht in Schallplattenqualität (4 Stimuli in den zwei Versionen *A* und *B*) und vier in CD-Qualität (4 Stimuli in Version *C*).

3.2.3 Versuchsdurchführung

Für den Versuch stand eine schallgedämmte Sprecherkabine des ICST Zürich (Institute for Computer Music and Sound Technology) zur Verfügung. An dem Versuch nahmen 20 Probanden im Alter zwischen 24 und 49 Jahren teil (Median: 35 Jahre), davon 14 männliche und 6 weibliche. 11 Probanden hatten musikalische Vorbildung (professionelle Musiker oder Musikstudierende), die anderen 9 Probanden waren Tonmeister oder Tonmeisterstudierende. Aufgrund der Vorbildung hatten alle Probanden eine klangliche Vorerfahrung zu den vorliegenden Musikensembles (Stimuli 3 und 4). 5 Probanden hatten bereits Erfahrung als Hörversuchsteilnehmer. Die Probanden erhielten keine Entlohnung für die Teilnahme am Versuch.

Die Stimuli wurden über Kopfhörer (Sennheiser HD600) wiedergegeben. Der Frequenzgang des Kopfhörers wurde zuvor mit Hilfe einer Kunstkopfmessung im Hinblick auf einen linearen Frequenzgang entzerrt. Die Messung erfolgte mit einem Sweep. Der Frequenzgang wurde terzbandgemittelt in einem maximalen Regelbereich von +/−6 dB zwischen 30 Hz und 18 kHz invertiert. Die Entzerrung erfolgte dann mit Hilfe eines FIR-Filters mit 2048 *taps*@48 kHz. Anschließend wurde das System mit Hilfe eines 1 kHz-Testtons (−3 dBFS) auf 74 dB(A) kalibriert.

Zunächst konnten sich die Probanden mit den Stimuli in Schallplattenqualität (Versionen *A* und *B*) vertraut machen. Über eine grafische Benutzeroberfläche (Anhang 5.1, Abb. 5.1) konnten die 2 × 4 Stimuli per Mausklick angehört werden. Den Probanden wurde mitgeteilt, dass sie anschließend die Plausibilität der Wiedergabe bewerten sollten. Dies wurde erläutert, indem die Probanden gebeten wurden, sich zu jedem Stimulus die jeweilige Situation als Konzert oder Vortrag vorzustellen und dann zu bewerten, wie gut die Wiedergabe dieser Vorstellung entspricht. Die Probanden sollten sich gedanklich an den möglichen Ort der Aufnahme versetzen und dann die Darbietung mit ihrer jeweiligen Vorstellung von der Aufnahmesituation vergleichen.

Anschließend wurden die Probanden aufgefordert, die Plausibilität der Stimuli in den Versionen *A* und *B* (d. h. in Schallplattenqualität) auf einer stufenlosen Skala von 0 bis 100 % zu bewerten (Abb. 5.2). Die Stimuli wurden in randomisierter Reihenfolge jeweils einzeln dargeboten (kein Paarvergleich, sondern absolute Bewertung). Dabei folgte auf die Bewertung eines Stimulus in Version *A* stets derselbe Stimulus in Version *B*. Es wurde also jeweils zunächst das absolute Plausibilitätsurteil für die Schallplatten-Version mit hohem Rauschanteil abgefragt, anschließend das Plausibilitätsurteil für die Schallplatten-Version mit niedrigerem Rauschanteil. Das Plausibilitätsurteil wurde über einen Schiebregler eingegeben. Die Probanden konnten sich nach Belieben für ihr Urteil Zeit nehmen.

Darauf folgte ein zweiter Versuchsteil: Den Probanden wurden nun zwei weitere Stimulus-Versionen dargeboten, nämlich Version *C* (CD-Qualität) sowie nochmals (ohne dass die Probanden dies wussten) die Schallplattenqualität in Version *B*. Diese Version *B* wurde hier für die Probanden als eine vierte Version (*D*) gekennzeichnet – *B* und *D* waren jedoch inhaltlich identisch. Auch mit diesen Versionen konnten sich die Probanden zunächst vertraut machen (Abb. 5.3). Anschließend wurden die Stimuli wie im ersten Versuchsteil in zufälliger Reihenfolge dargeboten. Dabei folgte auf die Bewertung eines Stimulus in Version C stets derselbe Stimulus in Version *D* (=*B*). Es wurde also jeweils zunächst das absolute Plausibilitätsurteil für die CD-Version abgefragt, anschließend das Plausibilitätsurteil für die Schallplatten-Version mit niedrigerem Rauschanteil. Auch hier wurde zu jedem Stimulus das Plausibilitätsurteil auf einer stufenlosen Skala von 0 bis 100 % abgefragt (Abb. 5.2).

Im Gesamtverlauf des Versuchs wurden also alle vier Stimuli jeweils in den Versionen *A* bis *D* dargeboten, und zwar in der Reihenfolge *A*–*B*–*C*–*D*. Da *D* inhaltlich gleich *B* war, wurde also Version *B* zweimal in unterschiedlichem Kontext dargeboten, um den hypothetischen Primingeffekt zu erheben. Der Versuch dauerte pro Proband durchschnittlich 28 min (Minimum: 20 min, Maximum: 38 min).

3.2.4 Ergebnisse

Bevor wir die Ergebnisse im Einzelnen betrachten, wird zunächst die Hypothese geprüft, dass für die Plausibilitätsurteile ein Priming existiert. Dazu werden die

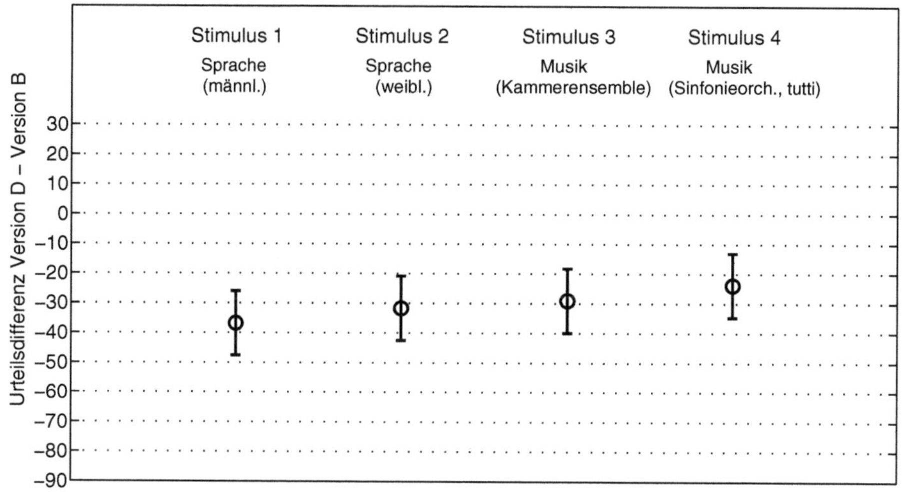

Abb. 3.3 Versuch 1, Urteilsdifferenzen Version *D* – Version *B* für alle vier Stimuli. Mittelwerte sind mit „*O*" gekennzeichnet, die Balken geben die 95 %-Konfidenzintervalle an. Die Mittelwerte liegen im negativen Bereich, d. h. die Plausibilität von Version *B* wird höher bewertet als die Plausibilität desselben Materials (Version *D*), nachdem der jeweilige Stimulus in CD-Qualität dargeboten wurde

Urteilspaardifferenzen $Urteil_{(Version\ D)} - Urteil_{(Version\ B)}$ pro Stimulus herangezogen: Sofern ein Priming vorliegt, müssen diese Differenzen signifikant von Null abweichen. Abbildung 3.3 zeigt Mittelwerte und 95 %-Konfidenzintervalle dieser Urteilspaardifferenzen für die Stimuli 1 bis 4.

Die deutliche Abweichung der Mittelwerte von Null weist bereits darauf hin, dass ein Effekt durch Priming vorliegen könnte. Die Normalverteilung der Stichproben wurde mit einem Komolgorov-Smirnov-Test überprüft. Anschließend wurde mit einem one-sample-*t*-Test auf dem 5 %-Niveau geprüft, ob die Mittelwerte von Null abweichen. Mit p_1=0,00001, p_2=0,000003, p_3=0,0003 und p_4=0,0002 ist das Ergebnis für alle vier Stimuli signifikant. Wir verwerfen die Nullhypothese und können annehmen, dass ein Priming existiert. Die Darbietung eines Stimulus in CD-Qualität (Version *C*) verringert die wahrgenommene Plausibilität von Stimulus *D* gegenüber Stimulus *B*. Das Urteilsverhalten wird also durch das Priming (Abfolge unterschiedlicher Wiedergabequalitäten) signifikant beeinflusst. Mit Hilfe einer zweifaktoriellen Varianzanalyse wird darüber hinaus die Hypothese geprüft, ob eine Interaktion zwischen dem Stimulusmaterial und dem Priming besteht. Mit $p_{(Stimulus\ X\ Urteil)}$ = 0,997 ergibt sich kein Hinweis auf das Vorliegen einer Interaktion.

Betrachten wir nun die Ergebnisse im Einzelnen. Abbildung 3.4 zeigt Mittelwerte und 95 %-Konfidenzintervalle der absoluten Urteile für Stimulus 1 (männlicher Sprecher). Die Urteile für die Stimuli 2 bis 4 zeigen ähnliche Eigenschaften und sind im Anhang 5.2 (Abb. 5.4 bis 5.6) dargestellt.

Wie zu erwarten, wird die Plausibilität von Version *B* höher bewertet als von Version *A*. Interessant ist jedoch, dass Version *C* (CD-Qualität) nur als geringfügig

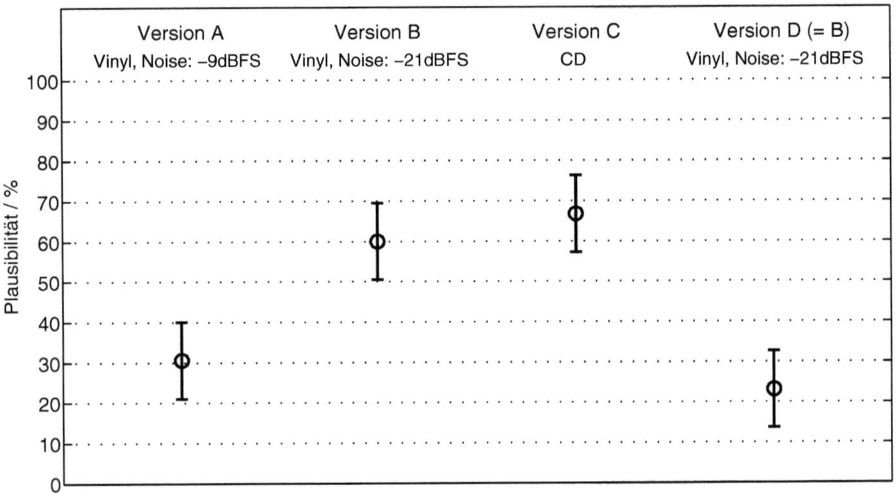

Abb. 3.4 Versuch 1, Verlauf der Plausibilitätsurteile für Stimulus 1, Vers. *A–D*. Man beachte, dass Version *B* hier nur unwesentlich schlechter bewertet wird als Version *C*. Nach der Darbietung in CD-Qualität fällt Version *B* (=*D*) jedoch auf das Bewertungsniveau des Stimulus in schlechterer Schallplattenqualität (Version *A*) zurück. (Mittelwerte sind mit „*O*" gekennzeichnet. Die Balken geben die 95 %-Konfidenzintervalle an)

plausibler beurteilt wird als Version *B* (Schallplattenqualität mit niedrigem Rauschanteil). Die CD-Qualität führt hier nur zu einer geringen Erhöhung der Plausibilität. Stattdessen wird anschließend Stimulus *D* (=*B*) als weniger plausibel bewertet und fällt auf die wahrgenommene Plausibilität von Stimulus *A* zurück. Dies zeigt ex-post auch ein Signifikanztest: Der Unterschied zwischen den Urteilspaaren für die Versionen *B* und *C* der Stimuli 2 bis 4 ist nicht signifikant (p_2=0,07, p_3=0,17, und p_4=0,85). Lediglich für Stimulus 1 wird die CD-Qualität signifikant besser als Version *B* bewertet (p_1=0,049). Anders gesagt: Für die Stimuli 2 bis 4 erhöht die CD-Qualität nicht die Plausibilität der Wiedergabe, sondern verringert nur die Plausibilität der Schallplattenwiedergabe!

Um dieses Urteilsverhalten genauer zu analysieren, betrachten wir den Verlauf der Einzelurteile. Abbildung 3.5 zeigt den Urteilsverlauf der 20 Probanden für Stimulus 1; jede Kurve entspricht dabei der Urteilsabfolge eines Probanden. (Die Einzelurteile für die Stimuli 2 bis 4 zeigen ähnliche Merkmale und sind im Anhang 5.2, Abb. 5.7 bis 5.9 dargestellt). Zwei Aspekte sind auffällig:

- Zum einen beurteilen einzelne Probanden die CD sogar schlechter als die Schallplattenversion *B*. Diese Urteile sind in Abb. 3.5 durch punktierte Linien gekennzeichnet (ebenso in Abb. 5.7 bis 5.9)
- Zum anderen fällt das Urteilsverhalten von Proband 7 auf, der Version *B* deutlich schlechter als Version *A* beurteilt. Bei anderen Probanden zeigt sich zwar keine so deutliche negative Urteilsänderung, jedoch ist der Plausibilitätszuwachs von Version *A* zu Version *B* zumindest unterschiedlich hoch.

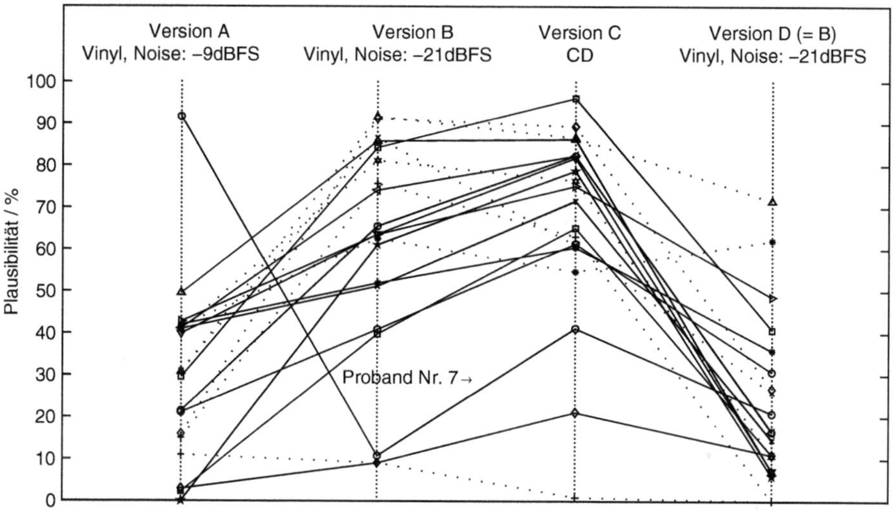

Abb. 3.5 Versuch 1, Urteilsverläufe im Einzelnen für Stimulus 1, Vers. *A–D*. Urteilsverläufe von Probanden, die Version *C* (CD-Qualität) schlechter beurteilen als Version *B*, sind hier durch punktierte Linien dargestellt

Wir können also je nach Proband unterschiedliche Urteilsverläufe feststellen: Zum einen ein Verlauf (der zu erwarten war) bei dem die CD- (Version *C*) besser als die Schallplattenqualität (Version *B*) bewertet wird. Zum anderen ein Verlauf, bei dem Probanden in ihrem Urteilsverhalten umso kritischer werden, je besser die technische Qualität der Wiedergabe ist (d. h. Version *C* wird schlechter bewertet als Version *B*). Offenbar wird hier bei einigen Probanden der Gebrauch der Skala beeinflusst (Tendenz zu kritischerem Verhalten). Entsprechend niedrig ist die Reliabilität der absoluten Urteile ($ICC(2,k)=0,59$). Dies weist darauf hin, dass nur eine geringe interindividuelle Übereinstimmung zwischen den Probanden hinsichtlich des Urteilsverhaltens besteht. Dennoch können wir durch das Priming eine einheitliche *Entwicklung* der Urteile feststellen. Die Reliabilität der Urteilsdifferenzen (Version *D* – Version *B*, Abb. 3.3) liegt etwas höher bei $ICC(2,k)=0,64$.

Wir können zwar aus den gewonnen Daten zum Urteilsverhalten keine unmittelbaren Rückschlüsse auf die Beschaffenheit der Referenzen ziehen. Jedoch geben die Kommentare der Probanden einzelne Aspekte der jeweiligen inneren Referenzen wieder: 3 Probanden erklärten, dass die Prosodie der Sprechstimmen (Stimuli 1 und 2) dem Stil eines Radiosprechers ähnele. Dies wurde für sie umso deutlicher, je geringer der Rauschanteil und je höher die Bandbreite des Signals war. Mit dem Argument, dass ein Sprecher in einer Vortragssituation von einer anderen Prosodie Gebrauch machen würde, wurde daher von diesen Probanden die Version *C* (CD-Qualität) schlechter bewertet als Version *B*. 2 Probanden bemängelten, dass bei den Stimuli 3 und 4 (Musik) die Version *C* zu bass-lastig sei: Die Aufnahme besaß zwar eine höhere Bandbreite im Frequenzbereich, wurde für diese Probanden dadurch aber nicht plausibler.

Interessant sind außerdem die Kommentare zu den Unterschieden zwischen den beiden „Schallplattenstimuli“ *A* und *B*. Obwohl das Material bis auf den unterschiedlichen Rauschsignalanteil identisch war, äußerten 8 Probanden, dass die Versionen *A* und *B* sich auch bezüglich der wahrgenommenen Räumlichkeit unterschieden. Die Räumlichkeit von Version *A* (mit höheren Rauschanteil) wurde als plausibler beurteilt als die von Version *B*. Offenbar vermuteten die Probanden „hinter dem Rauschen“ eine bessere Aufnahme als tatsächlich vorhanden war. Dies erklärt, warum die Urteilsdifferenzen zwischen *A* und *B* starken interindividuellen Schwankungen unterworfen sind. Die Gestaltwahrnehmungsgesetze, die vermutlich zu diesem Urteil führen, werden im folgenden Abschnitt diskutiert. Nur 2 Probanden äußerten die Vermutung, dass es sich bei den Versionen *A* und *B* um dasselbe Audiomaterial handeln könnte, bei dem nur der Rauschpegel variiert worden war. Kein Proband erklärte, dass es sich bei Version *B* und *D* jeweils um dieselben Stimuli handelte. Hingegen bemerkten 5 Probanden Klangfarbenunterschiede zwischen den (identischen) Versionen *B* und *D*.

Abschließend könnte man an dieser Stelle bezüglich des vorliegenden Primings für die Urteile über die Stimulusversionen *B* und *D* (=*B*) argumentieren, dass die Urteilsverschiebungen auf Skalenverzerrungen zurückzuführen sind: Die Probanden wussten vor Versuchsbeginn nicht, welche Wiedergabequalität noch kommen würde, sondern konnten sich zunächst nur mit den Versionen in Schallplattenqualität (*A* und *B*) vertraut machen. In der Tat lassen sich diese Effekte als Skalenverzerrungen interpretieren – jedoch müssen wir annehmen, dass diese unter realen Umweltbedingungen genauso vorhanden sind: Wir bewerten im Alltag intuitiv die Technologien, mit denen wir konfrontiert werden, ohne zuvor abschätzen zu kommen, welche technologischen Fortschritte die Wiedergabequalität noch verbessern könnten. Die Beeinflussung des Antwortverhaltens ist hier reproduzierbarer Bestandteil des Prozesses, der zum Plausibilitätsurteil führt und nicht etwa eine vom Zufall bestimmte Störvariable. Die nachfolgende Diskussion wird diesen Punkt vertiefen.

3.2.5 *Diskussion*

Auf den ersten Blick scheinen die Daten die „Unzuverlässigkeit“ von Plausibilitätsurteilen, die in der Einleitung dieses Buchs angedeutet wurde, zu bestätigen: Das Priming hat bereits kurzfristig, d. h. in der unmittelbaren Abfolge von Stimuli unterschiedlicher technischer Qualität, Einfluss auf das Urteilsverhalten zur Plausibilität. Offenbar hat also nicht nur die langfristige Alltagserfahrung Einfluss auf dieses Urteil. Trotz dieser Urteilsschwankungen können wir jedoch feststellen, dass objektive Aussagen über das Urteilsverhalten möglich sind, wenn man die Entwicklung der Einzelurteile betrachtet. Zwar lassen sich aus diesen Daten über die Urteile keine unmittelbaren Schlussfolgerungen auch zu den Referenzen ziehen, jedoch liefern die Kommentare der Probanden einzelne zusätzliche Hinweise zu Eigenschaften dieser Referenzen.

Im Einzelnen lässt sich zunächst feststellen, dass das absolute Urteilsverhalten offenbar große interindividuelle Unterschiede zeigt. Die geringe Reliabilität der absoluten Urteile weist darauf hin, dass hier ein mehrdimensionales Urteilsverhalten vorliegt, wobei die verschiedenen Dimensionen von den Probanden nicht in gleicher Weise in ein Gesamturteil integriert werden. Dabei unterstreichen die Kommentare der Probanden, dass die Kriterien, nach denen Plausibilität beurteilt wird, keineswegs einheitlich sind. Vor dem Hintergrund dieser unterschiedlichen Kriterien und der daraus resultierenden breiten Streuung ist es eigentlich überraschend, dass sich die absoluten Urteile durch das Priming signifikant verändern. Dies betrifft nicht nur die offensichtliche Verminderung des Plausibilitätsurteils für die Schallplattenqualität, wenn zuvor der jeweilige Stimulus in CD-Qualität dargeboten wurde. Es zeigt sich auch, dass der Plausibilitätszuwachs von der Schallplatten- zur CD-Wiedergabe kleiner ist als der Plausibilitätsverlust von der CD- zur Schallplattenwiedergabe.

Die Kommentare der Probanden zu den Unterschieden zwischen den beiden „Schallplatten"-Versionen *A* und *B* beleuchten interessante Aspekte des strukturierenden Wahrnehmungsprozesses. 8 Probanden erklärten, dass sich die Versionen *A* und *B* nicht nur durch den Rauschanteil, sondern auch durch die Räumlichkeit der Aufnahme unterscheiden würden. Hier wirken offenbar *top-down*-Prozesse, mit denen die Probanden die technisch „schlechteren" Aufnahmen (Version *A*) unbewusst zu einem Ideal ergänzen. Daher glauben sie, „hinter dem Rauschen" eine plausiblere Wiedergabe zu hören als bei Version *B* – obwohl das Ausgangsmaterial identisch ist. Diese Kommentare zeigen Parallelen zu Untersuchungen von Boss (1994): Boss untersuchte den Einfluss technischer Eigenschaften der Audiowiedergabe auf ästhetische Urteile über die dargebotene Musik (z. B. die Qualität der Intonation oder die Angemessenheit des Tempos für die Interpretation des Musikstücks). Auch bezüglich dieser ästhetischen Urteile bevorzugten die Probanden mehrheitlich die technisch schlechtere (Schallplatten-) Wiedergabe.

Interessant ist ferner, dass kein Proband die Vermutung äußerte, dass von den vier Aufnahmen jeweils zweimal dieselbe Version dargeboten wurde (dass nämlich die Versionen *B* und *D* der vier Audiomaterialen jeweils identisch waren). 5 Probanden erklärten sogar, deutliche Unterschiede zwischen den Versionen *B* und *D* wahrzunehmen, nämlich bezüglich der Klangfarbe. Vermutlich beurteilten die Probanden die Klangfarbe anhand von Version *C* (CD-Qualität ohne die Einschränkung des Frequenzgangs) und besaßen für Version *B* keine genaue Erinnerung mehr.

Nicht unerwähnt bleiben soll an dieser Stelle, dass auch die Erwartungshaltung durch Konnotation von Aufnahmen als „Schallplattenqualität" einen erheblichen Einfluss auf die Urteilsbildung haben kann. In diesem Versuch wurde den Probanden zu Beginn nicht mitgeteilt, welche technische Qualität sich hinter den Version *A* bis *D* verbirgt. In Vorversuchen des Autors waren die Probanden jedoch darauf hingewiesen worden, dass es sich bei einigen Versionen um Schallplattenqualität handelte. 3 von 4 Probanden weigerten sich daraufhin, die Schallplattenaufnahmen mit einem höheren Plausibilitätswert als 0 % zu beurteilen: Schallplattenwiedergabe sei grundsätzlich nicht plausibel. Gleichzeitig bewerteten sie aber die ebenfalls unvollkommene Wiedergabe in CD-Qualität über Kopfhörer mit einem Urteil > 0 %. In der hier dargestellten Versuchsdurchführung wurde daher auf die Angabe technischer Qualitätseigenschaften verzichtet. Alle Probanden verwendeten daraufhin ohne Zögern für Stimuli in Schallplattenqualität auch Urteile > 0 %. Andere Szenarien, mit denen dargestellt werden kann, wie die Erwartungshaltung das Qualitätsurteil durch die Kenntnis technischer Systemeigenschaften beeinflusst, nennt beispielsweise Möller (2000) im Kontext der Qualität von Telefonverbindungen. Möller führt aus, dass die Kenntnis über die Art der Telefonverbindung (z. B. Festnetz oder Mobilfunk) in Zusammenhang mit entsprechender Vorerfahrung des Nutzers das Urteil über die Gesprächsqualität beeinflussen kann. So wird dieselbe Sprachübertragung u. U. besser bewertet, wenn der Nutzer eine Mobilfunkverbindung erwartet als wenn er mit einer (technisch i. d. R. besseren) Festnetzverbindung rechnet.

Schließlich zeigen die Einzelurteile und die Reliabilitätswerte, wie vielfältig die Kriterien sein können, nach denen Plausibilität beurteilt wird. Die Merkmale, die in den Kommentaren der Probanden genannt werden, reichen hier von räumlichen Größen über die Klangfarbe bis hin zur Prosodie der Sprechstimme. Dennoch sind insgesamt interindividuell gültige Urteilstendenzen erkennbar. Jedoch ist es aufgrund der Komplexität und Individualität der Beurteilungskriterien schwierig, aus diesen Daten einzelne Merkmale zu erfassen und deren Einfluss auf das Urteil zu erheben. Hierzu ist eine Betrachtung mit einem anderen, eingegrenzteren Szenario notwendig: Diese Betrachtung wird in den Versuchen 2 und 3 (Abschn. 3.3 und 3.4) vorgenommen.

Auf einer allgemeineren Ebene zeigt der Versuch, dass die mit den Urteilsprozessen verbundenen Skalenverzerrungen nicht nur hier unter Laborbedingungen gegeben sind, sondern einen Bestanteil des alltäglichen Urteilsprozesses darstellen. Als Nutzer von Wiedergabetechnologien beurteilen wir Audioqualität so, wie sie im Moment ist, d. h. ohne weitere Berücksichtigung möglicher zukünftiger Entwicklungen. Um ein vollständiges Bild des Urteilsverhaltens zu erlangen, ist es daher bei derart komplexen Prozessen nicht ausreichend, sich auf experimentelle Methoden zu beschränken, bei denen durch Trainingseinheiten und durch das Vermeiden von Priming Urteils*entwicklungen* bewusst ausgeblendet werden. Der strukturierende Wahrnehmungsprozess, der in Kap. 2 dargestellt wurde, ist gleichermaßen klassifizierender wie klassenentwickelnder Prozess. Die Nivellierung von Skalenverzerrungen mag zwar oberflächlich die Vergleichbarkeit von Messergebnissen erhöhen. Eine Entzerrung der Skalen verschließt jedoch die Möglichkeit, den Urteilsprozess mit interindividuell vergleichbaren Eigenschaften zu berücksichtigen und damit kontextuelle Parameter der Beurteilung in die Untersuchung einzubeziehen. Dies unterstreicht – wenn auch aus einem erweiterten Blickwinkel – die Aussage, dass Wahrnehmung und damit auch Qualität durch Kontrast entsteht (vgl. Blauert und Jekosch 1997; Jekosch 2005a): Kontrast ist ein relatives Maß – Qualität entsteht durch Differenzierung zu bisher existierender Qualität.

Auf die Alltagserfahrung bezogen würde dies bedeuten, dass der Qualitätsgewinn, der durch den Fortschritt mit einer neuen Wiedergabetechnologie erzielt wird, als geringer empfunden wird, als der Qualitätsverlust durch den Rückschritt auf die bisherige Technologie. Beispielsweise ist dies für den Entwicklungsingenieur bedeutsam, da die Reflexion über den Wert neuer Technologien und deren vermutete Akzeptanz durch die zukünftigen Benutzer zunächst aus seiner subjektiven Perspektive bewertet wird – und diese steht in einer Perspektive des Rückschritts: Durch den Umgang mit neuen Wiedergabetechnologien im Labor entspricht der Blick nach draußen in die alltägliche Umwelt dem Rückschritt auf die gerade allgemein verfügbaren Technologien. Der Blick von der Umwelt ins Labor ist jedoch ein anderer: Es ist der Blick vom Stand der Technik auf eine neue Technologie hin – deren Qualitätszuwachs kleiner empfunden wird als der entsprechende Rückschritt. Dies deutet eine Tendenz an, mit der Entwickler die wahrgenommene Qualität neuer Wiedergabetechnologien überbewerten können.

Der Grund für diese Schwankungen des Urteilsverhaltens ist, dass das Plausibilitätsurteil nicht allein durch den Vergleich medialer Wahrnehmungsobjekte mit nicht-medialer Vorerfahrung entsteht. Die nicht-mediale Situation war in diesem Versuch für die Probanden ja gar nicht zugänglich. Daher wird die mediale Darbietung nicht nur *bottom-up* beurteilt, sondern beeinflusst das Urteil auch *top-down*. Dies verweist auf die bereits in Abschn. 2.3 dargelegte Beziehung von Virtueller Realität als Teilklasse der Realität (wobei nach den Betrachtungen aus Abschn. 2.5 hier eigentlich genauer von Wirklichkeit und „Virtueller Wirklichkeit" gesprochen werden sollte). Die nicht-mediale Wirklichkeit der Vorerfahrung, die als Referenz dient, ist hier offenbar nur indirekt durch mediale Erfahrung zugänglich. Sie ergibt sich im Wahrnehmungsprozess aus dem dargebotenen medialen Material.

Es darf vermutet werden, dass ähnliche Effekte auch in anderen Wiedergabesituationen und Modalitäten auftreten, beispielsweise bezüglich der Plausibilität visueller Darbietungen. Man stelle sich einen vergleichbaren Versuch vor, bei dem Stimuli in unterschiedlichen Videoqualitäten dargeboten werden. In Bezug auf die Versuchsmethodik zur Untersuchung von Plausibilität lässt sich daher allgemein sagen, dass der Kontext der Darbietung im Sinne eines Primings u. U. als Variable in die Auswertung einbezogen werden sollte, denn die wahrgenommene Plausibilität wird in erheblichem Maß auch kurzfristig beeinflusst. Die umfangreiche Medienerfahrung der Probanden festigt das Urteilsverhalten offenbar kaum. In einem erweiterten Zusammenhang der industriellen Produktentwicklung kann dies je nach Wiedergabesituation und Anwendung Einfluss z. B. auf die Kundenzufriedenheit mit einem audiovisuellen System haben.

Zusammenfassend lässt sich feststellen, dass der Versuch vor allem zwei Dinge zeigen konnte: Zum einen wurde deutlich, dass zwar Plausibilitätsurteile u. U. starken Schwankungen unterworfen sein können, dass aber die Urteilsentwicklung dabei nicht zufällig verläuft. Die Erhebung von Urteilsentwicklungen im Zusammenhang mit Priming kann daher neben den absoluten Urteilen zusätzliche Informationen über Plausibilität liefern. Zum anderen konnte gezeigt werden, dass die relevanten Merkmale je nach Vorerfahrung der Probanden sehr unterschiedlich beschaffen sein können. Es stellt sich daher die Frage, ob genauere Aussagen über absolute Plausibilitätsurteile möglich sind, wenn wir die Eigenschaften dieser Merkmale, die ja durch die Referenz des Urteils bestimmt werden, genauer beschreiben können. Mit anderen Worten: Welche Merkmale charakterisieren die Referenz als System von Wahrnehmungsobjekten und wie beeinflussen sie das Plausibilitätsurteil? Diese Frage soll in den zwei folgenden Versuchen genauer beleuchtet werden: Zum einen hinsichtlich des Plausibilitätsurteils, wenn Reize beurteilt werden sollen, deren Merkmale über die Vorerfahrung hinaus gehen. Zum anderen hinsichtlich der relevanten Merkmale, die die Referenz definieren und zur Frage, wie diese messtechnisch abgebildet werden können. Dazu wurde in Kap. 2 die Klasse als zentrales Element des Beurteilungsprozesses entwickelt. Wenn wir Urteil und Referenz genauer erfassen wollen, müssen wir folglich das dem Urteil zugrundeliegende Klassifikationssystem in die Messung einbeziehen. In den Versuchen 2 und 3 werden dazu verschiedene Schritte durchgeführt.

3.3 Versuch 2 – Plausibilitätsbeurteilung unbekannter Wahrnehmungsobjekte: Untersuchung am Beispiel der Beeinflussung einer elektroakustischen Simulation durch den Wiedergaberaum

3.3.1 *Versuchskontext*

Der vorangegangene Abschnitt hat zeitliche Entwicklungen von Plausibilitätsurteilen dargestellt, experimentell untermauert und in Beziehung zur Argumentation über mediale Wirklichkeit aus Kap. 2 gesetzt. Dabei konnte zwar gezeigt werden, dass absolute Plausibilitätsurteile bereits kurzfristig durch Priming beeinflussbar sind. Eine Einzelbetrachtung der Ergebnisse zeigte jedoch, dass trotz eines nachweisbaren Priming-Effekts zum Teil große interindividuelle Unterschiede in der Urteilsentwicklung bestehen. Darüber hinaus machten die Kommentare der Probanden deutlich, dass die Merkmale der jeweiligen Referenz je nach Vorerfahrung der Probanden sehr unterschiedlich beschaffen sein können. Dies hing damit zusammen, dass die Stimuli eine Vielzahl perzeptiver Größen enthielten, die von den Probanden zur Plausibilitätsbewertung herangezogen werden konnten.

Um nun die Eigenschaften von Plausibilität und ihrer Referenzen besser zu verstehen, soll der folgende Versuch ein Szenario untersuchen, in dem das Urteil von weniger vielfältigen Wahrnehmungsgrößen bestimmt wird als in Versuch 1. Zum einen soll dabei die Frage vertieft werden, wie sich Plausibilitätsurteile verhalten, wenn Probanden mit unbekannten Reizen konfrontiert werden. Zum anderen soll der Versuch Aussagen über die Beschaffenheit der Urteilsreferenzen ermöglichen.

Als Anwendungsszenario wird hier die akustische Interaktion eines Lautsprechersystems mit dem Wiedergaberaum gewählt. Dabei interessiert uns, wie die Akustik des Wiedergaberaums das Plausibilitätsurteil beeinflusst: Der elektroakustisch simulierte Raum wird bei der Wiedergabe z. B. in einem Tonstudio, einem Wohnzimmer oder auch einem größeren Saal mit der Akustik des Wiedergaberaums überlagert. Es entsteht ein ambiguer Cue, der widersprüchliche Informationen über die Raumgröße enthält. Außerdem werden weitere perzeptive Parameter verändert, wie z. B. die Klangfarbe, die Distanzwahrnehmung, die wahrgenommene Breite der Quelle usw. Es ist zu erwarten, dass solche Veränderungen die Plausibilität der

Wiedergabe beeinflussen. Hier interessiert insbesondere die Frage, wie solche neuen, zunächst unbekannten Merkmale der Stimuli in das Urteil integriert werden. Ferner geht es um grundsätzliche Aspekte der Messung, nämlich wie hier Plausibilität überhaupt in geeigneter Weise erhoben werden kann und wie sich dabei die individuellen Referenzen der Hörer berücksichtigen lassen.

Während die Frage, wie der Wiedergaberaum den simulierten Raum beeinflusst, zunächst einige spezielle, szenario-spezifische Aspekte enthält, ist der zuletzt genannte Punkt auch von allgemeinerer Bedeutung. Es geht hier um grundsätzliche Überlegungen, wie Plausibilitätsbeurteilungsprozesse sinnvoll erhoben werden können und welche Messgrößen neben den absoluten Urteilen geeignet sind, diesen Prozess zu beschreiben – unabhängig vom untersuchten Wiedergabesystem. In diesem Sinne ist das Szenario exemplarisch zu verstehen. Abschnitt 3.3.7 wird die Übertragbarkeit der Ergebnisse auf andere Situationen diskutieren.

Neben diesen grundsätzlichen Erwägungen legen einige praktische Argumente zur Relevanz des Szenarios den gewählten Rahmen für die Untersuchung nah: Zunächst lässt sich feststellen, dass die akustische Anregung des Wiedergaberaums ein Artefakt ist, das bei praktisch allen lautsprechergestützten Wiedergabesystemen mehr oder weniger ausgeprägt zu finden ist.

Ferner haben aus Sicht der heutigen technischen Machbarkeit bereits andere Eigenschaften von Lautsprechersystemen einen so hohen Standard erreicht, dass man das Problem einer Optimierung bestimmter Parameter praktisch als gelöst betrachten darf. Dies betrifft beispielsweise die Bandbreite und Linearität von Lautsprechern im Frequenzbereich und die damit verbundene Beeinflussung der Klangfarbe. Andere Größen sind hingegen aus Gründen der Signalverarbeitung oder der Situation im Wiedergaberaum nicht oder nur mit unverhältnismäßigem Aufwand optimierbar, beispielsweise die räumliche Struktur des Schallfelds. Im Sinne einer explorativen Untersuchung liegt es daher nahe, Variablen aus dem Bereich der räumlichen Wahrnehmung für Experimente auszuwählen.

Schließlich lässt sich das Szenario sowohl auf der technischen Ebene wie auch auf der sensorischen Ebene relativ klar beschreiben. Dies ist ein Vorteil, wenn wir hier strukturierende Wahrnehmungsprozesse erkunden wollen, da die Menge der unabhängigen Variablen auf eine überschaubare Zahl reduziert wird.

Uns interessiert hier also der Einfluss des Wiedergaberaums auf das Plausibilitätsurteil. Da die Übertragungsfunktion des Wiedergaberaums nicht nur die Raumgröße sondern – wie wir an dieser Stelle vermuten können – auch die Klangfarbe des simulierten Raums verändert, tritt also mindestens noch eine weitere perzeptive Größe hinzutritt, die das Plausibilitätsurteil beeinflussen kann. Damit wir uns in der Analyse auf die Untersuchung möglichst weniger Größen konzentrieren können, wird für den Versuch ein perzeptives Raummodell verwendet, bei dem wir aufgrund von Veröffentlichungen anderer Autoren zunächst davon ausgehen können, dass andere perzeptive Parameter nicht oder nur unmaßgeblich beeinflusst werden. (Diese Annahme wird in den Versuchen 3 und 4 im Rahmen einer Faktorenanalyse genauer geprüft werden.) Das Raummodell wird in Abschn. 3.3.4 vorgestellt. Die Rückschlüsse zum physikalischen Einfluss des Wiedergaberaums auf die simulierten Räume werden in Abschn. 3.3.7 diskutiert. Zwar geht das Modell damit nicht unmittelbar von Materialeigenschaften des Wiedergaberaumes aus, die das Plausibilitätsurteil beeinflussen, jedoch ist die Verwendung einer perzeptiven Raumsimulation hier zweckmäßig, da sie für eine Untersuchung mit explorativer Ausrichtung die nötige Flexibilität bietet, um das Modell dem experimentellen Setting anzupassen. Die Untersuchung des Wahrnehmungsprozesses steht hier im Vordergrund.

3.3.2 Entwicklung des Messprozesses

Wir interessieren uns nun für die Änderungen der Plausibilitätsurteile, die bei einer Raumsimulation durch den Wiedergaberaum verursacht werden. Durch die Reproduktion im Wiedergaberaum entstehen Reize, die sich von „originalen" Räumen nicht nur bezüglich der Raumgröße, sondern noch durch neue Parameter,u. a. vermutlich die Klangfarbe, unterscheiden. Welchen Einfluss haben diese verschiedenen Parameter jeweils auf das Urteilsverhalten? Wie bereits in Abschn. 2.5 dargelegt, ist hier nicht nur mit einem Einfluss auf das absolute Urteil, sondern auch auf die Streuung der Urteile zu rechnen.

Betrachten wir zunächst das messtechnische Vorgehen, um die Einflüsse auf das Urteilsverhalten zu messen: Die Änderungen der Plausibilitätsurteile lassen sich erheben, indem Probanden die simulierten Räume in zwei Versionen dargeboten werden: Einmal mit und einmal ohne akustischer Interaktion mit dem Wiedergaberaum. Jedoch stellt sich die Frage, nach welcher Referenz die Plausibilität der Räume beurteilt werden soll. Wir sind ja nicht an einem Paarvergleich von Original und Reproduktion interessiert, sondern an einem Urteil in Bezug auf die „innere" Referenz. Die Räume sollen jeweils einzeln in Bezug auf eine innere Idealvorstellung beurteilt werden.

Wie in Kap. 2 dargelegt wurde, wird Plausibilität im Verhältnis zu einer jeweiligen Klasse beurteilt, anhand derer bestimmte Merkmale des zu bewertenden Wahrnehmungsobjekts geprüft werden. Dabei ist die Klasse nicht nur als Bezeichnung von Wahrnehmungsobjekten zu verstehen. Als Abstraktum bezieht sie sich auf die den Objekten innewohnenden Regelhaftigkeit, aufgrund derer diese der Klasse zugeordnet werden. Sie bezieht sich also nicht allein auf die Identität des Wahrnehmungsobjekts, sondern auf inferente Zusammenhänge von Objekten der Vorerfahrung, die diese Regelhaftigkeiten beschreiben. Dieser Bezug zur Vorerfahrung stellt im Versuch eine besondere Anforderung dar, denn es soll ja die Simulationen von Räumen beurteilt werden sollen, die keine exakte Entsprechung in Form eines realen Bauwerks besitzen. Daher ist die externe Vorgabe einer willkürlichen Referenz durch den Versuchsleiter nur eine unzureichende Lösung, denn sie würde nicht zu einem repräsentativen Urteilsverhalten über die gesamte Zahl unterschiedlicher Raumsimulationen führen.

In diesem Versuch wird daher eine andere Möglichkeit gewählt: Die Probanden werden zunächst gebeten, die zu untersuchenden Räume individuell zu klassifizieren und zu benennen, um so einen Zugang zu den jeweiligen individuellen Referenzen zu schaffen. Diese Referenzen können dann vom jeweiligen Probanden verwendet werden, um die Plausibilität der Raumsimulationen bewerten zu lassen. Mit diesem Vorgehen können zwar nicht mehr die absoluten Plausibilitätsurteile der Probanden miteinander verglichen werden, denn sie beziehen sich ja auf individuelle Referenzen. Jedoch kann der Einfluss des Wiedergaberaums anhand der *Änderung* der Plausibilitätsurteile quantifiziert werden.

Beispiel: In einem ersten Schritt lässt man die Räume von Probanden in Klassen einteilen. Wie in Abschn. 3.3.5 dargestellt werden wird, werden den Probanden zunächst 15 unterschiedlich große Räume dargeboten. Nehmen wir hier einmal an, dass ein Proband die zu bewertenden Räume in die Klassen „Wohnzimmer", „Hörsaal", „Konzertsaal" und „Kathedrale" eingeteilt hat. Auf diese Weise kann sichergestellt werden, dass nicht nur eine einzelne Referenz, sondern ein System von Referenzen zur Verfügung steht, das die Gesamtzahl der Stimuli gleichermaßen abdeckt. Dem System von zu bewertenden Stimuli steht also ein System von Klassen gegenüber. Mit diesem Klassensystem ist es nun möglich, in einer zweistufigen Messung den Einfluss des Wiedergaberaums auf das Plausibilitätsurteil zu bestimmen: Der Proband wird aufgefordert, sich zu jeder seiner benannten Klassen einen „idealen" Raum vorzustellen, also einen Raum, der seiner Klassenbezeichnung am besten entspricht. Mit dieser Vorstellung soll er dann in einem ersten Schritt die Plausibilität aller dargebotenen Räume (ohne Einfluss des Wiedergaberaums) beurteilen. Jeder Raum wird also in diesem Beispiel viermal beurteilt, nämlich in Bezug auf die Vorstellung eines „Wohnzimmers", eines „Hörsaals", eines „Konzertsaals" und einer „Kathedrale". In einem zweiten Schritt werden dieselben Urteile nochmals abgefragt, diesmal jedoch für Räume mit Einfluss des Wiedergaberaums. Wir erhalten also pro Proband, Klasse und Raum jeweils ein Urteilspaar zur Plausibilität des dargebotenen Raums. Je höher der Einfluss des Wiedergaberaums, desto höher die Urteilsänderung. Da die Klassensysteme aller Probanden jeweils die Zahl der Stimuli vollständig abdecken, lässt sich dieser Einfluss nun pro Raum über alle Urteilspaare mitteln, so dass pro Raum eine durchschnittliche Beeinflussung der Plausibilität bestimmt werden kann.

Kurz gesagt: Die Messung mittelt für jeden dargebotenen Raum den Einfluss des Wiedergaberaums auf die Plausibilitätsurteile, bezogen auf die individuellen Klassensysteme der Probanden. Hierzu hatten Vorversuche des Autors ergeben, dass die Plausibilität der reproduzierten Räume durchaus nicht allgemein niedriger bewertet wird als die der originalen Räume. Auf den ersten Blick mag dies überraschen, jedoch zeigt sich, dass die Urteilsänderung abhängig ist von der Klasse, die als Referenz herangezogen wird: Reproduzierte Räume können durchaus sogar plausibler werden als das Original. Um nun den Einfluss des Wiedergaberaums zu quantifizieren, ist es daher sinnvoll, nicht die Urteilsänderung, sondern den Betrag der Urteilsänderung zur Analyse heranzuziehen. Pro simuliertem Raum kann der Einfluss des Wiedergaberaums dann über den mittleren Betrag der Urteilsänderung abgebildet werden:

$$\Delta \hat{P}_n = \frac{\sum_{i,k} \left| P_{Original(n,i,k)} - P_{Wiedergabe(n,i,k)} \right|}{i \cdot k} \tag{3.1}$$

In Worten: Die mittlere Plausibilitätsänderung für einen im Wiedergaberaum dargebotenen Raum n gegenüber seiner Darbietung ohne Einfluss des Wiedergaberaums lässt sich quantifizieren als durchschnittlicher Betrag aller Urteilsänderungen über alle Probanden i und ihre jeweiligen Klassen k.

Die Messgröße vereint also zwei Anforderungen: Zum einen lässt sie individuelle Referenzen für die Plausibilitätsbeurteilung zu. Zum anderen ermöglicht sie, die durch den Wiedergaberaum verursachten Änderungen des Plausibilitätsurteils über die Probandengruppe hinweg miteinander zu vergleichen. Diese Vergleichbarkeit (Mittelung) ist trotz individueller Referenzen möglich, weil zwei Voraussetzungen erfüllt sind: Erstens werden hier nicht absolute Urteile sondern Urteils*änderungen* erhoben. (Absolute Urteile wären aufgrund der individuellen Referenzen nicht miteinander vergleichbar). Zweitens ist durch das Versuchsdesign sichergestellt, dass trotz individueller Referenzen der Gesamtumfang des Klassensystems für alle Probanden identisch ist: Egal wie die Probanden die Klassen einteilen, das gesamte Klassensystem wird immer mit Hilfe derselben 15 Stimuli erhoben. Dabei kann jeder Stimulus nur genau einer Klasse zugeordnet werden (disjunkte Klassen). Zwar geht durch die Betragsbildung bei der Mittelung die Richtung der Urteilsänderung (Vorzeichen) verloren. Diese ist jedoch für die Hypothesenprüfung (siehe folgender Abschnitt) nicht relevant: Uns interessiert die Abweichung des Plausibilitätsurteils zwischen Original und Reproduktion, d. h. der Betrag der Urteilsdifferenz.

3.3.3 Hypothesen

Aufgrund der Vorversuchsergebnisse und aufgrund der Alltagserfahrung kann man vermuten, dass das Plausibilitätsurteil für simulierte Räume, die klein gegenüber dem Wiedergaberaum sind, stärker beeinflusst wird, als das Urteil für Räume, die deutlich größer als der Wiedergaberaum sind. Wir formulieren also hier die Hypothese, dass Räume, die kleiner als der Wiedergaberaum sind, höhere Änderungen des Plausibilitätsurteils (mit bzw. ohne Einfluss des Wiedergaberaums) aufweisen als größere Räume.

Ferner stellt sich die Frage, wie Merkmale der simulierten Räume, die durch den Wiedergaberaum verändert werden, das Urteilsverhalten beeinflussen. Wie werden neue Merkmale der reproduzierten Räume in das Urteilsverhalten integriert? Da es sich für die Probanden u. U. um neue Wahrnehmungsgrößen handelt, ist hypothetisch anzunehmen, dass sie die Streuung der Urteile erhöhen, und zwar für kleine simulierte Räume stärker als für große.

Interessant ist hierbei insbesondere, wie sich Merkmalsänderungen jeweils quantitativ auswirken. Der Versuch soll daher die erhaltenen Daten inferenzstatistischen und deskriptiven Analysen unterziehen. Schließlich werden Eigenschaften der von den Probanden benannten Klassen (Referenzen) diskutiert. Bevor nun die Versuchsdurchführung im Detail dargestellt wird, erläutert der folgende Abschnitt zunächst die verwendeten Stimuli.

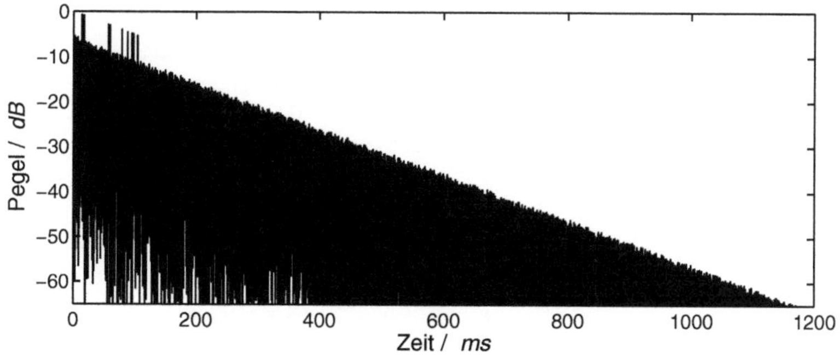

Abb. 3.6 Versuch 2, Impulsantwort des verwendeten Raummodells (hier mit T_{60}=1,2 s)

3.3.4 Stimuli

Die Stimuli wurden mit Hilfe eines Raummodells in Anlehnung an Pellegrini (2001b) generiert. Dabei wurde pro Stimulus jeweils eine binaurale Raumimpulsantwort aus einzelnen Reflexionen sowie aus einem diffusen Nachhall (Rauschsignal mit exponentieller Abklingkurve erzeugt) erzeugt und mit einem Sprachsignal[7] gefaltet. Als Bedingungsvariation wurde der Parameter „*Raumgröße*" des Modelles variiert, wobei dieser Parameter nach Pellegrini (2001b) die Nachhallzeit und die Laufzeit von Reflexionen bis 200 ms beeinflusst. Das Modell stützt sich auf Ergebnisse von Kuttruff (2000) sowie auf den empfohlenen Nachhallzeitverlauf in Abhängigkeit des Raumvolumens nach DIN 18041 (hier zwischen 0,7 bis 1,8 s). Zusätzlich wird der interaurale Korrelationsgrad variiert (von 0,9 bei T_{60}=0,7 s bis 0,15 bei T_{60}=1,8 s). Abbildung 3.6 zeigt beispielhaft den Verlauf einer solchen Impulsantwort.

Abbildung 3.7 gibt als Blockschaltbild das Vorgehen wieder, mit dem die Stimuli generiert wurden: Mit Hilfe dieses Modells wurde zunächst ein Set von 15 Raumimpulsantworten mit Nachhallzeiten T_{60} von 0,2 bis 6,4 s erzeugt, deren Abstufung im Bereich des ebenmerklichen Unterschieds lagen (just noticeable difference, JND: T_{60}-Abstufungen in Schritten von ca. 25 % nach Meng et al. 2006). Diese binauralen Impulsantworten wurden im Hörversuch als „originale" Räume dargeboten, d. h. als Stimuli ohne akustische Interaktion mit dem Wiedergaberaum. Tabelle 3.1 gibt die Nachallzeiten T_{60} der 15 Räume wieder.

Aus diesen 15 dichotischen Signalen wurde anschließend ein zweites Set von Impulsantworten erstellt, um die Beeinflussung durch den Wiedergaberaum zu simulieren (vgl. Abb. 3.7). Dazu wurden die 15 Signale zur Simulation einer Stereolautsprecherwiedergabe (vgl. ITU-R BS. 775-1) mit der Impulsantwort des Wiedergaberaums gefaltet. Als Wiedergaberaum diente dabei ebenfalls eine Impulsantwort aus demselben Raummodell, nämlich mit einer Nachhallzeit T_{60}=0,9 s, was innerhalb der Bandbreite der 15 gewählten Räume einem mittleren Setting entsprach

[7] Audio: EBU-SQAM (2008), Track 52.

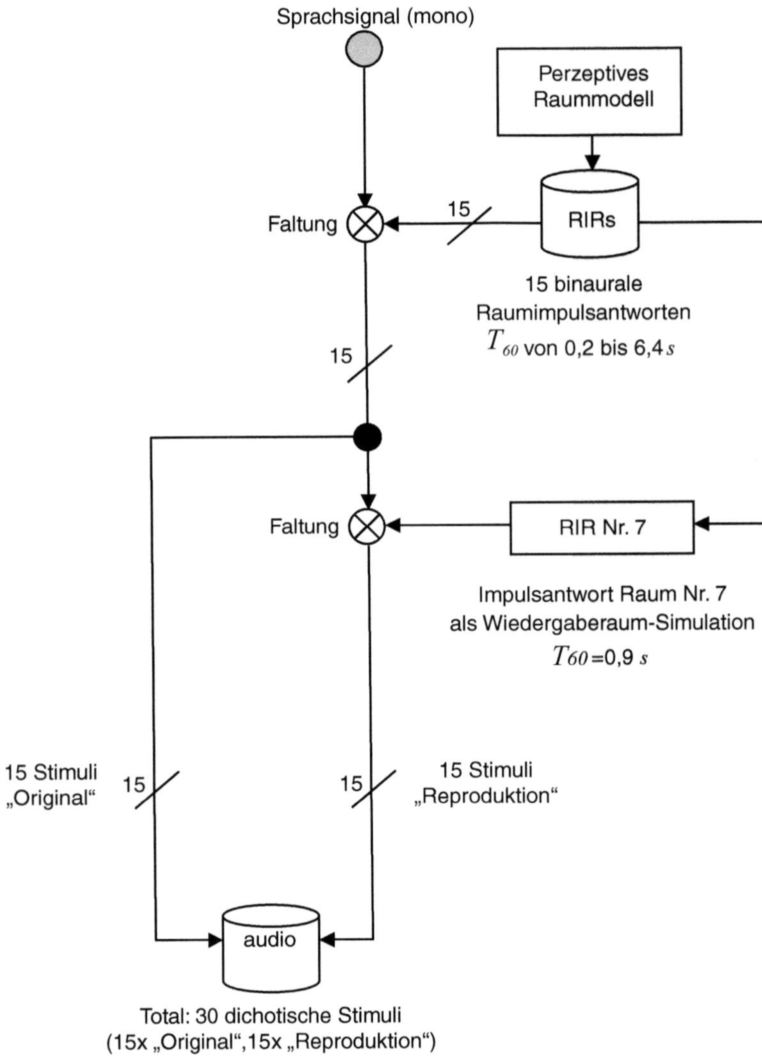

Abb. 3.7 Versuch 2: Blockschaltbild der Raumsimulation zur Generierung der Stimuli

(Raum 7 von 15). Durch den Einfluss des Wiedergaberaums verlängerte sich die Nachhallzeit der Stimuli um die Nachhallzeit des Wiedergaberaums (vgl. Tab. 3.1).

Für den kleinsten Raum (Nr. 1) verlängerte sich also die Nachhallzeit von 0,2 auf über 1 s. Es ist daher zunächst davon auszugehen, dass dies das Plausibilitätsurteil deutlich beeinflusst. Für den größten Raum hingegen (Nr. 15 mit T_{60}=6,4 s) ist die Erhöhung der Nachhallzeit durch den Wiedergaberaum prozentual geringer: Sie liegt hier unterhalb des eben wahrnehmbaren Unterschieds (*JND*, vgl. Meng et al. 2006).

Tab. 3.1 Versuch 2, Nachhallzeiten T_{60} der verwendeten Stimuli

Raum Nr.	Stimuli ohne Einfluss des Wiedergaberaums	Stimuli mit Einfluss des Wiedergaberaums
	Nachhallzeit T_{60} in s	Nachhallzeit T_{60} in s
1	0,2	1,2
2	0,3	1,2
3	0,4	1,3
4	0,5	1,4
5	0,6	1,5
6	0,7	1,7
7	0,9	1,9
8	1,2	2,1
9	1,5	2,4
10	1,9	2,9
11	2,4	3,4
12	3,1	4,0
13	4,0	4,9
14	5,0	6,0
15	6,4	7,3

Es standen also zwei Sets von Raumsimulationen mit jeweils 15 Stimuli zur Verfügung: Ein Set mit 15 „originalen“ Räumen sowie ein Set mit 15 „reproduzierten“ Räumen, wobei letztere durch die Überlagerung mit dem Wiedergaberaum ambigue Rauminformationen enthielten. Um die Lesbarkeit des Textes zu vereinfachen, werden diese beiden Sets im Folgenden als „Original“ und „Reproduktion“ bezeichnet.

3.3.5 Versuchsdurchführung

Der Versuch wurde in 3 Phasen durchgeführt, die unmittelbar aufeinander folgten. Bevor in diesem Abschnitt die einzelnen Phasen ausführlich erläutert werden, hier zunächst eine Übersicht:

1. Der Versuch begann mit einer Phase, in der sich die Probanden mit den 15 Original-Stimuli vertraut machen konnten. Hier sollten die Probanden außerdem die Stimuli in Klassen einteilen und die Klassen benennen.
2. Es folgte eine zweite Phase, in der geprüft wurde, dass die Probanden in der Lage waren, ihre Klassen auch zuverlässig wiederzuerkennen. Dazu wurden die Probanden gebeten, zufällige Stimuli den von ihnen benannten Klassen zuzuordnen. Der dritte Versuchsteil folgte erst, wenn die Stimuli mit einer bestimmten Zuverlässigkeit vom Probanden korrekt klassifiziert wurden.
3. Schließlich sollten die Probanden die Plausibilität aller originalen und aller reproduzierten Räume im Verhältnis zu den von ihnen benannten Klassen bewerten. Mit den originalen Räumen waren die Probanden also in dieser Versuchsphase bereits vertraut. Die reproduzierten Räume stellten jedoch neue Reize dar. Die

Probanden wurden aufgefordert, sich zu ihren jeweiligen Klassenbezeichnungen einen idealen Raum vorzustellen und zu beurteilen, wie gut die Stimuli dieser Vorstellung entsprechen. Es wurden alle 30 Stimuli im Verhältnis zu allen vom Probanden benannten Klassen bewertet.

Abbildungen der Benutzeroberflächen zu diesen Versuchsphasen finden sich in Anhang 5.3, Abb. 5.10 bis 5.12. Für den Versuch stand eine schallgedämmte Sprecherkabine des ICST Zürich (Institute for Computer Music and Sound Technology) zur Verfügung. An dem Versuch nahmen 16 Probanden im Alter zwischen 24 und 54 Jahren teil (Median: 34 Jahre), davon 15 männlich und 1 weiblich. 9 Probanden hatten eine Ausbildung zum Tonmeister absolviert oder vergleichbare Vorkenntnisse. 5 Probanden besaßen Erfahrung als Teilnehmer von Hörversuchen. Es wurde dasselbe Kopfhörersystem verwendet wie in Versuch 1 (Abschn. 3.2.3).

In der *1. Versuchsphase* wurde den Probanden die Möglichkeit gegeben, sich mit den 15 originalen Räumen vertraut zu machen. Die Probanden konnten die Stimuli in beliebiger Reihenfolge anhören und sich dafür beliebig Zeit nehmen. Die Buttons für die 15 Räume waren in aufsteigender Raumgröße nebeneinander angeordnet (Abb. 5.10). Über eine Ziffernauswahl und ein Texteingabefeld konnten die Probanden dann den Umfang und den Namen ihrer Raumklassen bestimmen. Die Probanden waren frei, die Klassen individuell einzuteilen und zu benennen. Einzig für die Anzahl der zu verwendenden Klassen wurden Vorgaben gemacht: Vorversuche hatten ergeben, dass bei der vorliegenden Anzahl Stimuli eine Einteilung in drei oder vier verschiedene Klassen sinnvoll ist. Deutlich gröbere oder feinere Klasseneinteilungen beeinträchtigen entweder die statistische Aussagekraft der Ergebnisse oder erschwerten die Differenzierung der Klassen, so dass die Versuchsdauer erheblich verlängert wurde. Eine Prüfung der Eingabe des Probanden stellte sicher, dass alle Stimuli vollständig klassifiziert wurden. Diese Versuchsphase dauerte durchschnittlich 10 min (Minimum: 5 min, Maximum: 27 min).

Anschließend folgte die *2. Versuchsphase* mit einer Trainingssequenz, bei der den Probanden die Aufgabe gestellt wurde, die Original-Stimuli wieder korrekt den von ihnen benannten Klassen zuzuordnen (Abb. 5.11, im Anhang). Mit diesem Training sollte sichergestellt werden, dass die Referenz der Messung tatsächlich gefestigt war. Den Probanden wurden randomisiert in zweifacher Wiederholung jeweils mittlere Stimuli der jeweils benannten Klassen dargeboten. Diese sollten dann mit den jeweils individuell eingegeben Klassennamen benannt werden. Beispiel: Hatte ein Proband die Räume 1 bis 5 in eine gemeinsame Klasse eingeteilt, wurde Raum 3 für diese Klasse im Training zweimal dargeboten. Bei einer geraden Anzahl von Räumen innerhalb einer Klasse wurden die beiden mittleren Räume im Training je einmal dargeboten. In Anlehnung an Oechslin et al. (2010) war für das erfolgreiche Absolvieren des Trainings eine mehrfache fehlerlose Klassifikation notwendig: Für jede richtige Antwort erhielt der Proband einen Punkt, dargestellt als Smiley auf dem Bildschirm. Für jede falsche Antwort wurde der Punktezähler auf null zurückgesetzt und eine Rückmeldung darüber ausgegeben, welches die richtige Klasse gewesen wäre. Auf diese Weise wurde sichergestellt, dass die Probanden jeweils alle Klassen zweimal in Folge korrekt erkennen konnten, bevor in der dritten Phase des

Tab. 3.2 Versuch 2, Klassenbezeichnungen und -umfänge (Proband 8)

Klassenbezeichnung	Umfang
Kammer	Räume 1 bis 3
Mittlerer Raum	Räume 4 bis 7
Saal	Räume 8 bis 10
Kathedrale	Räume 11 bis 15

Versuchs die Erhebung der Plausibilitätsurteile auf der Basis der Klassenbezeichnungen begann. Je nach Leistung des Probanden dauerte diese zweite Versuchsphase zwischen 2 und 6 min (Durchschnitt: 3 min).

In der *3. Versuchsphase* wurden dann den Probanden randomisiert alle originalen und reproduzierten Räume dargeboten und die Plausibilitätsurteile zu allen vom jeweiligen Probanden benannten Klassen auf einer stufenlosen Skala von 0 bis 100 % abgefragt (Abb. 5.12). Mit den originalen Räumen waren die Probanden in dieser Versuchsphase bereits vertraut, die reproduzierten Räume hingegen hatten die Probanden in den vorangegangenen Versuchsphasen noch nicht gehört. Die Probanden wurden aufgefordert, sich einen idealen Raum zu ihren jeweiligen Klassebezeichnungen vorzustellen und die Plausibilität des dargebotenen Stimulus im Vergleich zu dieser Klasse zu bewerten. Pro Klasse wurden alle 30 Stimuli (15 originale und 15 reproduzierte Räume) dargeboten. Die Gesamtzahl der Darbietungen variierte also zwischen 90 und 120, abhängig davon, ob der Proband in der 1. Versuchsphase 3 oder 4 Klassen benannt hatten. Diese Versuchsphase dauerte durchschnittlich 28 min (Minimum: 21 min, Maximum: 40 min).

Die Gesamtdauer des Versuchs incl. Kategorisierungs- und Trainingssequenz dauerte pro Proband zwischen 33 und 57 min (Durchschnitt: 41 min).

3.3.6 Ergebnisse

Bevor wir die in Abschn. 3.3.3 entwickelten Hypothesen zum Einfluss des Wiedergaberaums auf das Plausibilitätsurteil prüfen, betrachten wir zunächst die Daten der Probanden im Einzelnen. Tabelle 3.2 und Abb. 3.8 zeigen exemplarisch die Klasseneinteilungen und –namen sowie die zugehörigen Plausibilitätsurteile von Proband Nr. 8. Die Ergebnisse für alle Probanden sind in Anhang 5.4, Tab. 5.1 und Abb. 5.13 zusammengestellt.

Proband 8 hat die 15 Räume in 4 Klassen eingeteilt, jeweils mit einem Umfang zwischen 3 und 5 Räumen. Tabelle 5.1 (Anhang) zeigt, dass weitere 12 Probanden ebenfalls eine Einteilung in 4 Klassen gewählt haben. 4 Probanden teilten die Räume in 3 Klassen, dann mit entsprechend größeren Umfängen ein (bis zu 8 Räume pro Klasse). 4 Probanden erklärten, dass sie sich auch eine Einteilung in mehr als 4 Klassen hätten vorstellen können.

Wie erwartet unterscheiden sich die Klassenbezeichnungen und -umfänge stark voneinander, da die Probanden hier individuelle Bezeichnungen und Werte einset-

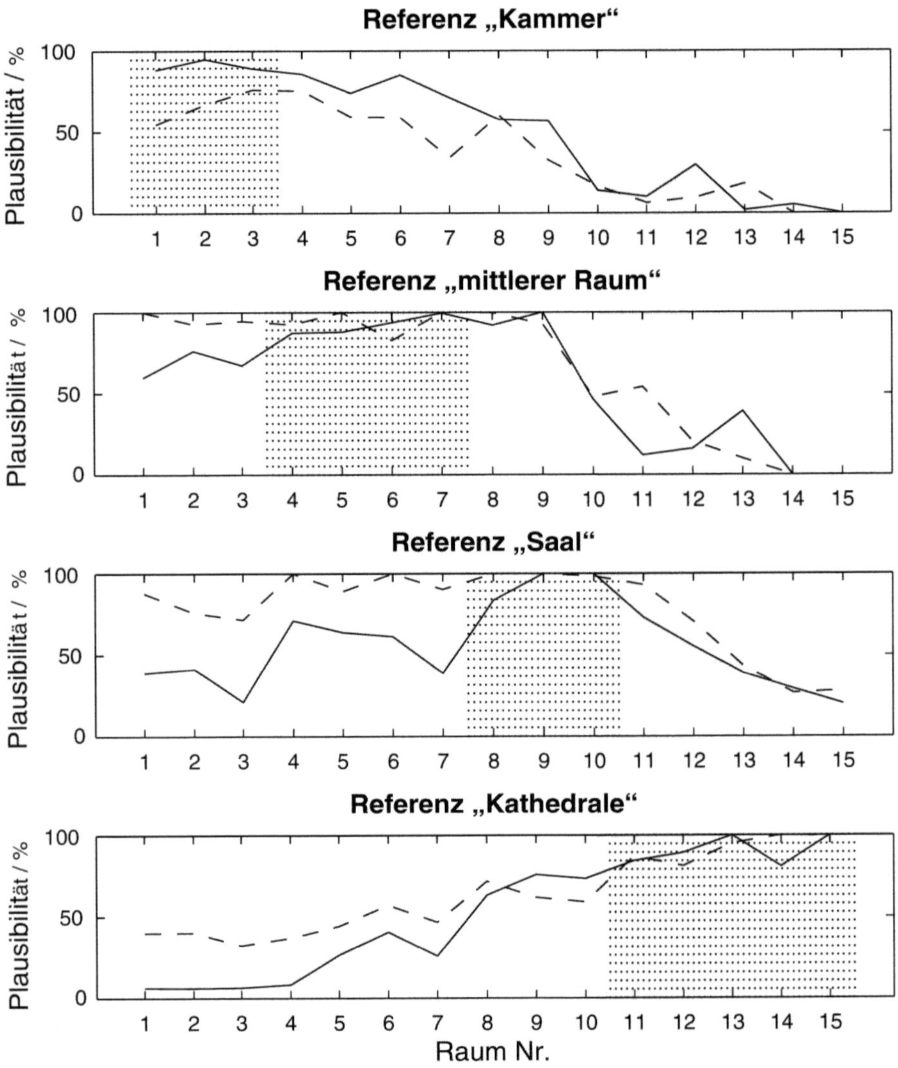

Abb. 3.8 Versuch 2, Plausibilitätsurteile Proband 8. Die durchgezogene Linie bezeichnet Urteile für die originalen Räume (ohne Einfluss des Wiedergaberaums), die gestrichelte Linie bezeichnet Urteile für die reproduzierten Räume (mit Einfluss des Wiedergaberaums). Der schraffierte Bereich bezeichnet jeweils den Umfang der originalen Räume, der in Versuchsphase 1 der jeweiligen Klasse zugeordnet wurde

zen konnten. Jedoch lassen sich insbesondere bezüglich kleiner Räume Gemeinsamkeiten der Klassifikationen zwischen den Probanden feststellen: 12 Probanden wählten für die Klasse der kleinsten Räume den Umfang von Raum 1 bis Raum 4 (T_{60}=0,2 bis 0,5 s). Die zweitkleinste Klasse wurde von 8 Probanden mit einem Umfang von Raum 5 bis Raum 7 gewählt (T_{60}=0,6 bis 0,9 s). Auffällig häufig werden für kleine Räume Begriffe verwendet, die auf Wohnräume verweisen („Zimmer“, „Wohnzimmer“, etc.). Für größere Räume hingegen variieren die Klassenumfänge und Bezeichnungen stärker. Interessant ist jedoch, dass gerade für große Räume gelegentlich Bezeichnungen verwendet werden, die nicht auf architektonische, sondern auf virtuelle Räume verweisen. So gebraucht beispielsweise Proband 3 die Bezeichnung „*Space*“ für die Räume 11 bis 15 (T_{60}=2,4 bis 6,4 s). In ähnlicher Weise verwendete in Vorversuchen ein Proband den Begriff „*megaverb*“. Rückfragen an die Probanden ergaben, dass hierbei nicht einfach eine beliebige Künstlichkeit beschrieben wurde, sondern dass der Begriff jeweils auf einen expliziten elektronischen Hall, beispielsweise aus einem bestimmten Hallgerät, verwies.

Betrachten wir nun die Plausibilitätsurteile. Abbildung 3.8 zeigt exemplarisch das Urteilsverhalten von Proband 8 für die 4 vom Probanden benannten Klassen „*Kammer*“, „*mittlerer Raum*“, „*Saal*“ und „*Kathedrale*“. Die Daten der übrigen Probanden sind im Anhang 5.4, Abb. 5.13 wiedergegeben. Die Diagramme stellen jeweils die Plausibilitätsurteile für alle 15 Räume in Bezug auf die jeweilige Klasse dar. Der Proband wurde also beispielsweise aufgefordert, sich einen idealen Raum für seine Klasse „*Kammer*“ vorzustellen und dann die Plausibilität der dargebotenen Räume bezüglich dieser Vorstellung zu bewerten.

Wie zu erwarten, ist die Plausibilität der originalen Räume im schraffierten Bereich am höchsten (diese Räumen wurden ja auch der jeweiligen Klasse zugeordnet), rechts und links des schraffierten Bereichs fallen die Plausibilitätsurteile ab. Die Plausibilität der reproduzierten Räume am rechten Rand der Skala nähert sich der Plausibilität der originalen Räume an. Reproduzierte Räume am linken Rand der Skala zeigen jedoch deutliche Abweichungen vom Plausibilitätsurteil im Vergleich zu den originalen Räumen: Für die Klasse „*Kammer*“ werden kleine reproduzierten Räume generell weniger plausibel bewertet als das Original. Für die anderen Klassen „*mittlerer Raum*“, „*Saal*“ und „*Kathedrale*“ ist es jedoch umgekehrt: Hier werden kleine reproduzierte Räume sogar als plausibler als das Original bewertet. Die Urteile der anderen Probanden (siehe Anhang) zeigen ähnliche Eigenschaften. Die Plausibilität der Räume wird also durch den Einfluss des Wiedergaberaums nicht generell verringert, sondern – abhängig von der Referenz – u. U. sogar erhöht. Dieses Verhalten wird im folgenden Abschn. (3.3.7) diskutiert. Darüber hinaus ist in Abb. 5.13 (Anhang 5.4) zu erkennen, dass für einige Probanden die Urteile über die im Wiedergaberaum reproduzierten Stimuli stärker streuen.

Gemäß der in Abschn. 3.3.3 formulierten Hypothese interessieren wir uns für die Frage, ob das Plausibilitätsurteil für kleine Räume durch den Wiedergaberaum stärker beeinflusst wird als für große. Nach Gl. 3.1 (Abschn. 3.3.2) wird der mittlere Betrag der Plausibilitätsurteilsdifferenz ΔP_n pro Raum n über alle Probanden i und Klassen k bestimmt. ΔP_n wird hier errechnet aus den absoluten Plausibilitätsurteilen und besitzt daher einen maximalen Wertebereich von $0 \leq \Delta P_n \leq 1$. Abbildung 3.9[8] zeigt die Mittelwerte und Standardabweichungen für ΔP_n.

---

[8] Eine Analyse, bei der nur die Urteile im Vergleich zu den Klassen berücksichtigt wurden, denen die Räume in der ersten Versuchsphase jeweils zugeordnet wurden, zeigte vergleichbare Ergebnisse.

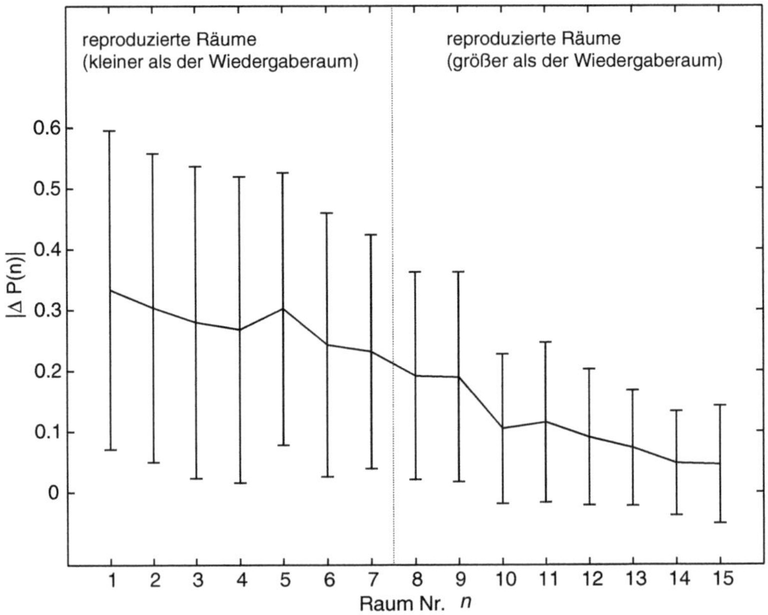

Abb. 3.9 Versuch 2, durchschnittlicher Betrag der Differenz der Plausibilitätsurteile ΔP_n in Abhängigkeit der reproduzierten Räume. Für kleine Räume sind sowohl die Urteilsänderungen zwischen Original und Reproduktion wie auch die Streuungen höher als für große Räume. (Beachte den Signifikanztest, s. u.)

Für kleine Räume (am linken Rand der Skala) ergeben sich in der Tat hohe Werte für die Urteilsdifferenzen, was auf eine starke Beeinflussung der Plausibilität durch den Wiedergaberaum hindeutet. Jedoch ist auch die Streuung der Urteilsdifferenzen für kleine Räume stark erhöht. Für große Räume (am rechten Rand der Skala) nähern sich die Mittelwerte ΔP_n Null an. Letzteres war zu erwarten, da für so lange Nachhallzeiten (Raum 15: T_{60}>6 s) der Einfluss des Wiedergaberaums auf die Nachhallzeit im Bereich der *just noticeable difference* liegt (vgl. Abschn. 3.3.4). Jedoch zeigt bereits die grafische Darstellung, dass das Ergebnis im Hinblick auf signifikante Unterschiede der Plausibilitätsurteile überrascht: Zwar sind die Mittelwerte für Urteilsdifferenzen bei kleinen Räume höher als bei großen Räumen. Allerdings ist auch die Streuung stark erhöht, was daran zweifeln lässt, ob der Unterschied tatsächlich signifikant ist.

Ein auf dem 5 %-Niveau durchgeführter Komolgorov-Smirnov-Test ergibt, dass die Stichproben nicht normalverteilt sind (die Verteilungen sind linkssteil). Da wir außerdem aufgrund von Abb. 3.9 nicht von einer konstanten Varianz der Stichproben ausgehen können, wird für die Hypothesenprüfung ein verteilungsfreies Verfahren verwendet: Mit Hilfe eines *U*-Tests nach Mann und Whitney wird geprüft, ob sich die Mittelwerte der Stichproben für die Räume 1 bis 14 signifikant vom Mittelwert für Raum 15 (mit dem kleinsten Wert für ΔP_n) unterscheiden. Der Test ist nicht signifikant: Selbst für Raum 1, dessen Mittelwert ΔP_1 deutlich über dem

Mittelwert von Raum 15 liegt, erlaubt es der Test mit $p = 0{,}84$ nicht, die Nullhypothese zu verwerfen. Wir müssen also feststellen, dass der deutlich hörbare Einfluss des Wiedergaberaums, der ja für Raum 1 die Nachhallzeit von 0,2 auf über 1 s verlängert, die Urteile *nicht* signifikant beeinflusst. Stattdessen wird neben den Urteilsänderungen vor allem die Höhe der Streuung beeinflusst: Je höher der Einfluss des Wiedergaberaums, desto stärker streut das Urteilsverhalten der Probanden.

Diese Hypothese zur Beeinflussung der Streuung wird ebenfalls mit Hilfe eines verteilungsfreien Verfahrens geprüft. Der Ansari-Bradley-Test zeigt auf dem 5 %-Niveau ein hoch signifikantes Ergebnis: Die Streuung der Urteilsdifferenzen für die Räume 1 bis 7 (kleiner oder gleich dem Wiedergaberaum) ist größer als die Streuung für die Räume 8 bis 15 ($p = 0{,}0008$). Der folgende Abschnitt wird diese Ergebnisse diskutieren.

3.3.7 Diskussion

Das Ergebnis mag zunächst überraschen: Der deutlich hörbare Einfluss des Wiedergaberaums, der gerade für kleine simulierte Räume die Nachhallzeit markant verlängert (z. B. für Raum 1 von $T_{60} = 0{,}2$ auf über 1 s), beeinflusst die Plausibilität nicht signifikant. Stattdessen wird die Streuung der Ergebnisse gerade für kleine Räume signifikant erhöht. Angesichts der sehr deutlichen Verlängerung der Nachhallzeit entspricht dieses Ergebnis nicht dem, was man intuitiv zunächst erwarten könnte.

Im Hinblick auf die Messung des Wahrnehmungs*prozesses*, der zum Plausibilitätsurteil führt, zeigt der Versuch damit eindrucksvoll, dass die Erhebung von Plausibilität allein durch den absoluten Urteilswert u. U. zu kurz greift. Soll Plausibilität wie hier kontextoffen bewertet werden (d. h. in einem Versuchsszenario, das die Darbietung unbekannter Reize zulässt), ist es sinnvoll, neben den Urteilen noch weitere Parameter – in diesem Fall die Streuung – für eine Analyse hinzuzuziehen. Die Erhöhung der Streuung stellt nicht etwa eine Störvariable dar, sondern ist Eigenschaft eines strukturierenden Wahrnehmungsprozesses, der der Urteilsbildung vorausgeht. Sie zeigt, dass sich Stimuli nicht nur hinsichtlich einer Merkmalsausprägung von einer erwarteten Klasse unterscheiden, sondern dass hier eine für die Probanden unerwartete Beschaffenheit vorliegt, die mit der jeweiligen Klasse (Referenz) der Vorerfahrung nicht vollständig vereinbar ist (Disequilibrium). Die Probanden integrieren daher die unbekannten Stimuli nicht einheitlich in ihr jeweiliges Beurteilungssystem.

Im Sinne der statistischen Hypothesenprüfung müssen wir zwar feststellen, dass kein signifikanter Einfluss des Wiedergaberaums auf die absoluten Urteile festzustellen ist. Es wäre jedoch kurzsichtig, aufgrund dieses Ergebnisses zu behaupten, dass ein Wiedergaberaum mit einer Nachhallzeit von fast 1 s die Plausibilität für simulierte Räume mit $T_{60} = 0{,}2$ s nicht beeinflusst. Betrachten wir nochmals die Definition zum Begriff *Plausibilität* aus Abschn. 1.2 und 1.4. Dort wurde Plausibilität (vorläufig) definiert als „*das Ergebnis eines perzeptiven Prozesses, der ermittelt, in welchem Maße ein Wahrnehmungsobjekt mit einer aus individuellen Vorerfahrungen resultierenden, inneren Referenz übereinstimmt.*"

Wir können hier feststellen, dass in diesem Versuch die unbekannten Stimuli offenbar nicht hinreichend der Vorerfahrung entsprechen. Über die gesamte Probandengruppe betrachtet, erlaubt daher die Referenz für unbekanntes Material weniger zuverlässige Messergebnisse als für bekannte Objekte. Im Hinblick auf ein Engineering von virtuellen Umgebungen ist dieses Ergebnis insofern von Bedeutung, als dass es zeigt, dass eine Erhebung der absoluten Plausibilitätsurteile u. U. dem Versuchsleiter keine hinreichende Information darüber liefert, wie gut das Entwicklungsziel „möglichst plausibel zu simulieren" erreicht wurde. Die Stimuli entsprechen der Referenz nicht hinreichend, um ein für die gesamte Probandengruppe zuverlässiges Urteil erheben zu können. Anders gesagt: Die Voraussetzung, um Plausibilität erheben zu können, ist nicht erfüllt – es liegt keine angemessene Referenz vor. Selbst wenn wir also keinen signifikanten Einfluss auf das Urteil erkennen können, müssen wir doch feststellen, dass ein anderer Einfluss vorliegt, nämlich bezüglich der Voraussetzung für eine Plausibilitätsmessung. Wäre hier das Ziel gewesen, eine möglichst plausible Darbietung im Wiedergaberaum zu schaffen, wäre die Aufgabe des Engineerings im Grunde verfehlt worden – obwohl kein signifikanter Einfluss auf die absoluten Urteile festzustellen ist.

Bei Konfrontation mit unbekanntem Material werden also nicht – wie man erwarten könnte – die absoluten Plausibilitätsurteile verringert, sondern die Streuung erhöht. Insofern bestätigt der Versuch die auf das Anwendungsszenario bezogene Hypothese, dass der Einfluss des Wiedergaberaums auf das Urteil umso größer ist, je kleiner der simulierte Raum im Verhältnis zum Wiedergaberaum ist. Dies betrifft jedoch nicht die absoluten Urteile, sondern die Streuung. Die Betrachtung lässt sich natürlich auch umgekehrt führen: Je kleiner der Wiedergaberaum (d. h. insbesondere je kleiner seine Nachhallzeit ist), desto besser lassen sich auch kleine Räume in diesem Wiedergaberaum simulieren.

Um dieses Resultat genauer bewerten zu können, wäre es allerdings notwendig, den Einfluss der für das Urteil relevanten Merkmale genauer zu quantifizieren. Versuch 3 soll hier weitere Betrachtungen ermöglichen, um die dem Urteil zugrundeliegenden Wahrnehmungsdimensionen zu erfassen und die Urteilsreferenz abzubilden.

Hinsichtlich der Referenzen (Klassen) lässt sich darüber hinaus feststellen, dass zumindest für kleine Räume in Ansätzen gewissen Gemeinsamkeiten existieren. Dies ist ein interessanter Punkt bezüglich der Frage, welche interindividuell vergleichbaren Eigenschaften verschiedene Klassensysteme (d. h. Referenzen) besitzen. Die kleinsten Räume mit Nachhallzeiten T_{60}=0,2 bis 0,5 s werden überdurchschnittlich häufig in einer gemeinsamen Klasse zusammengefasst. Für größere Räume sind so klare Strukturen nicht erkennbar. Zusammen mit der häufigen Verwendung von Klassenbezeichnungen, die auf Wohnräume verweisen („*Zimmer*", „*Wohnzimmer*", „*Arbeitszimmer*", etc.) könnte dies ein Hinweis sein, dass die vielfältige Alltagserfahrung mit Räumen dieser Größe zu weitgehend übereinstimmenden Klassenmerkmalen führt. Für größere Räume variieren die Klassenumfänge und -bezeichnungen stärker.

Für Räume mit den größten Nachhallzeiten (T_{60} zwischen 1,5 und 6,4 s) werden auch Bezeichnungen verwendet, die nicht auf architektonische, sondern auf elektroakustische Simulationen von Räumen verweisen (z. B. „*Space*"). Die Kommentare der Probanden zeigen, dass hier nicht einfach eine pauschales Urteil über „Künstlichkeit" zugrundeliegt, sonder dass der Begriff jeweils auf eine definierte Vorstellung beispielsweise eines bestimmten Hallgeräts, verweist. In diesem Sinne bestätigt dieser Versuch aus einem anderen Blickwinkel das Ergebnis von Versuch 1: Die Beurteilung von Plausibilität ist nicht allein auf Klassensysteme ohne mediale Merkmale beschränkt. Mediale Darbietung wird nicht nur hinsichtlich ihrer Plausibilität beurteilt, sondern beeinflusst auch die Referenz.

Neben den Ergebnissen in Bezug auf das konkrete Anwendungsszenario „Raumsimulation" zeigt der vorliegende Versuch exemplarisch ein methodisches Vorgehen auf, um die Erhebung von Plausibilitätsurteilen zu ermöglichen und gleichzeitig individuelle Klassen als Urteilsreferenzen zuzulassen. Im Gegensatz zu perzeptiven Messmethoden, bei denen eine klare Kontextualisierung extern vorgegeben wird, lässt der hier durchgeführte Versuch die Strukturierung der Stimuli und damit die Wahl der Referenz bewusst offen. Es steht jedem Probanden frei, die Raumsimulation nach seiner individuellen Vorerfahrung zu strukturieren und zu bewerten. Dieser Freiheitsgrad führt zunächst dazu, dass die Urteile nicht mehr interindividuell vergleichbar sind. Eine vergleichbare Quantifizierung des Urteilsverhaltens wird in diesem Versuch jedoch möglich, wenn wir nicht die einzelnen Urteile, sondern das Gesamtsystem von Urteilen betrachten, da das dahinterliegende Referenzsystem jeweils alle untersuchten Stimuli abdeckt: Die Probanden konnten die Klassen zwar individuell wählen, jedoch mussten sie stets alle 15 originalen Stimuli zur Erhebung der Referenzen in Klassen einteilen. Außerdem wurden diese Stimuli von den Probanden in disjunkte Klassen eingeteilt. Die Klassen, die als Referenzen für die Urteile dienen, werden jeweils als Klassen*system* abgebildet, durch das als Ganzes eine Vergleichbarkeit der Plausibilitätsurteile ermöglicht wird. Daher erlauben die Urteils*unterschiede* zwischen Original und Reproduktion, die in einen gemeinsamen Messwert zusammengefasst werden, einen Vergleich des Verhaltens mehrerer Urteiler (vgl. hierzu die Ausführungen am Ende von Abschn. 3.3.2).

Interessant ist dabei die Feststellung, dass die Reproduktion nicht zwingend weniger plausibel als das Original bewertet wird, sondern durchaus sogar plausibler als das Original sein kann. Implizit hat dies aus Sicht des Wahrnehmenden auch Auswirkungen auf das Wirklichkeitsbild: Die Ergebnisse zeigen, dass eine Definition von medialer und nicht-medialer Wirklichkeit auf der Basis eines einzelnen Plausibilitätsurteils zu kurz greift. Während man intuitiv glauben könnte, dass Artefakte medialer Darbietungen generell die Plausibilität verringern und dadurch ein Unterscheidungskriterium zwischen Realität und Virtueller Realität liefern, zeigen die Ergebnisse, dass gegenteilige Tendenzen der Plausibilitätsurteile abhängig von der jeweiligen Klasse durchaus vorkommen. Wenn wir dennoch in der Lage sind, mediale Objekte als solche zu identifizieren, so ist dies im Einzelfall offenbar nur möglich, wenn zusätzliche kontextuelle Faktoren der Bedeutungsebene hinzutreten.

Unklar bleibt aufgrund der bisherigen Untersuchungen jedoch, wie die Klasse als Referenz im Zusammenhang mit einer Darstellung der Plausibilität als Ähnlichkeitsmaß abgebildet werden kann. In Kap. 2 wurde Plausibilität als ein Spezialfall von Ähnlichkeitsurteilen definiert, wobei nicht zwei konkrete Wahrnehmungsobjekte miteinander verglichen werden, sondern ein Wahrnehmungsobjekt mit einer abstrakten Klasse. Zwar wurden nun in diesem Versuch die individuellen Klassen als Referenz benannt und verwendet. Eine quantifizierbare Abbildung der Klasse wurde jedoch nicht vorgenommen. Versuch 3 soll hierzu weitere Betrachtungen ermöglichen.

Zusammenfassend lässt sich feststellen, dass der Versuch nicht nur quantitative Ergebnisse bezüglich der Beeinflussung der verwendeten Raumsimulation durch einen Wiedergaberaum liefert, sondern darüber hinaus die Systematik des Mess- und Wahrnehmungsprozesses beleuchtet: Die Messung erfolgt hier nicht zuerst durch das absolute Plausibilitätsurteil, sondern durch das Urteilsverhalten vor dem Hintergrund der Vorerfahrung. Dies ist hier relevant, weil Probanden u. a. unbekannte Stimuli auf Plausibilität bewerten sollen (so wie es i. d. R. auch außerhalb des Labors vorkommen kann).

Der Einfluss des Wiedergaberaums auf die Streuung der Ergebnisse ist hier nicht als Störvariable aufzufassen, sondern Merkmal des strukturierenden Wahrnehmungsprozesses, der zum Plausibilitätsurteil führt. Da die Messgröße Plausibilität definitionsgemäß an die Vorerfahrung gekoppelt ist[9], sollte bei einem Vorgehen, das unbekannte Stimuli zulässt, nicht nur mit Hilfe der absoluten Urteile, sondern auch mit Hilfe der Streuung geprüft werden, inwieweit tatsächlich eine dem Stimulus entsprechende Vorerfahrung gegeben ist.

Darüber hinaus zeigt der Versuch im Sinne einer Machbarkeitsstudie, dass die offene und individuelle Strukturierung von Wahrnehmungsobjekten durchaus mit einem interindividuell gültigen Messwert über Plausibilität vereinbar ist. Voraussetzung ist, dass die Messung nicht nur einzelne Stimuli betrachtet, sondern die für das Szenario zu untersuchende Bandbreite von Referenzen abdeckt. Fassen wir die dem Urteil zugrundeliegenden Referenzen als System auf, können auch die Urteilsunterschiede als Gesamtsystem in einem Messwert dargestellt werden.

Der vorliegende Versuch hat also den Begriff „Plausibilität" im Hinblick auf die Frage beleuchtet, wie unbekannte Reize in das dem Urteil zugrundeliegende Referenzsystem integriert werden. Die Ergebnisse zur Streuung der Urteile legen dabei die Vermutung nahe, dass sich im hier vorliegenden Fall das Plausibilitätsurteil aus mehreren Wahrnehmungsgrößen zusammensetzt. Um nun genauere Aussagen über die am Plausibilitätsurteil beteiligten Wahrnehmungsgrößen zu entwickeln, wird der folgende Versuch den Prozess aus Sicht der Referenz beleuchten. Welche Wahrnehmungsdimensionen spielen im hier untersuchten Szenario für die Referenz des Urteils eine Rolle? Wie lässt sich diese Referenz messtechnisch erfassen? Versuch 3 soll diese Fragen qualitativ und quantitativ beantworten.

[9] vgl. Arbeitsdefinitionen in Abschn. 1.2 und 1.4.

3.4 Versuch 3 – Plausibilität als Distanzmaß im Ähnlichkeitsraum: Multidimensionale Skalierung

3.4.1 Versuchskontext und Hypothesen – Abbildende Verfahren für mentale Repräsentationen

Nachdem Versuch 2 den Einfluss unbekannter Stimuli auf das Plausibilitätsurteil betrachtet hat, soll der nun folgende Versuch diesen Einfluss aus Sicht der Referenz des Urteils genauer analysieren. Zwei Fragen stehen dabei im Vordergrund: Zum einen, welche perzeptiven Dimensionen im vorliegenden Szenario „Raumsimulation im Wiedergaberaum" für die Urteilsbildung relevant sind, zum anderen, wie die Referenz als Objekt messtechnisch abgebildet werden kann, um die Urteilsbildung zu modellieren.

Gehen wir noch einmal zur theoretischen Betrachtung zurück: In Kap. 1 wurde zunächst die Frage aufgeworfen, in welcher Weise diese Referenz sinnvoll formal beschrieben werden kann. In Kap. 2 wurde dann der Begriff der „Klasse" als innerhalb der Reflexion verfügbares Abstraktum und Referenz der Messung theoretisch entwickelt. Wir haben dabei gesehen, dass Beurteilungen von Plausibilität offenbar einen Spezialfall von Ähnlichkeitsurteilen darstellen, wobei das Wahrnehmungsobjekt mit der Klasse als Abstraktum verglichen wird. Wenn wir also den Urteilsprozess abbilden wollen, müssen wir die Klasse als Objekt der Vorerfahrung messtechnisch erfassen und mit den zu bewertenden Stimuli in Beziehung setzen können.

Andere Autoren erachten Daten aus Ähnlichkeitspaarvergleichen und multivariate Methoden zu deren Auswertung als Ansatz, um mentale Repräsentationen abzubilden. Hier sind insbesondere die Multidimensionale Skalierung (MDS) und die Clusteranalyse zu nennen. So haben sich verschiedene Arbeiten der Kognitionspsychologie und innerhalb der Akustik aus den Bereichen Sprachverarbeitung und -synthese sowie der Wahrnehmung von Musik mit der mentalen Repräsentation von Erlerntem beschäftigt (z. B. Michon 1972; Sejnowski et al. 1987; Jekosch 2005b; Clapin et al. 2004; Oechslin et al. 2010). Diese Arbeiten untersuchen Ähnlichkeitsräume von Stimuli, die sich bezüglich einer oder mehrerer Merkmalsausprägungen unterscheiden. Durch geeignete Analyseverfahren wird dabei die Unähnlichkeit von Stimuli als Distanzmaß in einem n-dimensionalen Ähnlichkeitsraum repräsentiert, wobei die Zahl n der Dimensionen der Anzahl der für die Differenzierung der Stimuli relevanten, orthogonalen Faktoren entspricht. Falls die Zahl der Dimensionen geometrisch darstellbar ist ($n \leq 3$), führt die MDS zu einer anschaulichen Repräsentation der Daten, in der ähnliche Stimuli als Punkteschwarm räumlich dicht zusammenliegen, während unähnlichere Stimuli sich weiter davon entfernt befinden. Dabei kann die Distanz der Stimuli je nach Anwendungsfall mit Hilfe unterschiedlicher Metriken ermittelt werden, die als Grundlage für das Ähnlichkeitsurteil vermutet werden. Die Distanz mit dem Metrikexponenten r zwischen zwei Punkten x_i und x_j ist für n Dimensionen gegeben durch:

$$d_{ij} = \left(\sum_{k=1}^{n} \left(|x_{ik} - x_{jk}| \right)^r \right)^{1/r} \quad (3.2)$$

wobei x_{ik} die Koordinate des Punktes i und x_{jk} die Koordinate des Punktes j auf der Dimension k bezeichnet (Bortz und Döring 2006, S. 174).

Allgemein werden diese Metriken als „Minkowski-r-Metriken" bezeichnet. Üblicherweise wird die euklidische Metrik mit $r=2$ verwendet: Diese ermittelt das Distanzmaß zweier Stimuli auf der Basis der Geraden, die durch die beiden Punkte im n-dimensionalen Raum verläuft. Für die Extremfälle $r=1$ ergibt sich die sogenannte „City-Block-Metrik" und für $r \rightarrow \infty$ die sogen. Dominanzmetrik. Bei Ähnlichkeitsurteilen, die alle Merkmale in das Gesamturteil gleichermaßen integrieren, kann üblicherweise von der euklidischen Metrik ausgegangen werden. Nach Bortz und Döring (2006, S. 175) entspricht eine Metrik mit $r<2$ eher einem „analytisch-kumulierenden" Urteilsverhalten, bei dem die Merkmale vom Urteilenden einzeln analysiert und zu einer Gesamtähnlichkeit aufgebaut werden, während eine Metrik mit $r>2$ eher einem „spezifisch-akzentuierenden" Urteilsverhalten entspricht, bei dem vor allem ein einzelnes, stark kontrastierendes Merkmal hervortritt. Die Metrik erlaubt also eine Aussage über die Gewichtung der Merkmale und gestattet damit u. U. Rückschlüsse auf relevante technische Elemente des untersuchten Systems. Insofern liefert sie einen Anhaltspunkt, den Prozess der Implementierung im Hinblick auf die vom Benutzer wahrgenommene Qualität zu optimieren.

Eine andere Art der Datenanalyse zur Darstellung mentaler Repräsentation wird beispielsweise von Sejnowski et al. (1987) und Jekosch (2005b) verwendet: Hier werden Ähnlichkeitsstrukturen mit Hilfe der Clusteranalyse dargestellt, die die Distanz zwischen Clustern von Stimuli in einer hierarchischen Baumstruktur abbilden. Es handelt sich dabei um ein Verfahren, das schrittweise jeweils die nächstliegenden Objekte im n-dimensionalen Raum zu Clustern fusioniert und jeweils die Distanz zwischen diesen Clustern bestimmt. Diese Distanz wird in der Baumstruktur (dem „Dendrogramm") durch die sogen. Fusionsstufenhöhe repräsentiert. Eine Übersicht über das Verfahren gibt Bortz (2005). Jekosch (2005b) verwendet das Verfahren, um strukturierende Prozesse bei der Wahrnehmung synthetisch erzeugter Sprachsignale zu erkunden. Im Hinblick auf solche Prozesse lässt sich dabei diese hierarchische Struktur der Daten nicht nur als Ähnlichkeitsprofil, sondern auch als „Entscheidungsbaum" betrachten, bei dem das Wahrnehmungsobjekt an jedem Knotenpunkt des Dendrogramms immer genauer klassifiziert wird, bis es schließlich als ein spezifisches Objekt – bei der Sprachwahrnehmung beispielsweise als ein Phonem – erkannt werden kann. Jekosch (2005b) zeigt hierbei, dass auch Akkommodationsprozesse in den Ausprägungen der Objektdistanzen und damit in den Fusionsstufen sichtbar werden.

In Vorversuchen des Autors zeichneten sich in Bezug auf den im vorangegangenen Experiment dargestellten Kontext (Abschn. 3.3.1) ebenfalls charakteristische Tendenzen für Änderungen von Fusionsstufen der Stimuli in Ähnlichkeitspaarvergleichen ab. Diese konnten mit Assimilations- und Akkommodationsprozessen in Verbindung gebracht werden. Jedoch war die Darstellung der Daten im Dendrogramm ungeeignet, um hinsichtlich der eingangs gestellte Frage zur Modellierung des Urteilsverhaltens mit Referenzierung auf die von den Probanden jeweils benannten Klassen weiterführende Antworten zu liefern: Die Clusteranalyse bildete zwar die Ähnlichkeitsstruktur ab, nicht jedoch die Klasse als einzelnes, quantitativ erfassbares Objekt.

Das zuvor skizzierte Verfahren der MDS scheint hier für die vorliegende Untersuchung geeigneter, da die Repräsentation der Daten durch mehrere orthogonale Urteilsdimensionen die Möglichkeit bietet, für die jeweiligen Klassen einen Klassenzentroiden innerhalb dieser Urteildimensionen zu definieren bzw. aus der Stichprobe zu schätzen. Anschaulich gesprochen lässt sich die Klasse damit innerhalb der untersuchten Merkmale als Mittelwert aus dem Punkteschwarm der jeweiligen Klasse empirisch erheben und ebenso wie die Stimuli im Ähnlichkeitsraum darstellen. Sie repräsentiert als Referenz des Urteils die Erwartungshaltung des Urteilenden innerhalb der Dimensionen der MDS.

Hier ist festzuhalten, dass die Referenz des Urteils als Klasse für den außenstehenden Beobachter nur durch Klassifikation von Wahrnehmungsobjekten sichtbar gemacht werden kann. Die Genauigkeit des Schätzwerts der Klasse auf der Skala der jeweiligen Merkmale ist folglich durch die Zahl der in der Untersuchung relevanten Merkmale und durch die Merkmalsausprägung der Stimuli begrenzt. Wir müssen uns bewusst sein, dass empirisch erhobene Klassenstrukturen nie den Anspruch auf Vollständigkeit und Allgemeingültigkeit erfüllen können, sondern eben nur innerhalb der untersuchten Merkmale Gültigkeit besitzen. Der Schätzwert für die Klasse ist folglich nur für den jeweils untersuchten Ähnlichkeitsraum anwendbar. Auf die Modellbildung für Plausibilitätsurteile bezogen bedeutet dies, dass Modelle nur dann auf andere Anwendungssituationen transferiert werden können, wenn sie die dort relevanten Merkmale vollständig berücksichtigen.

Das Ziel des Versuchs ist also zunächst, aus den Faktorenwerten der „originalen" Stimuli jeweils pro Klasse Mittelwerte zu erheben. Diese Mittelwerte sind Koordinaten der Klassenzentroiden. Sie sollen die aus der Stichprobe geschätzte Referenz des Urteils im Ähnlichkeitsraum repräsentieren.

Die Klasse steht dann als Objekt im Ähnlichkeitsraum zur Verfügung und kann zur Bestimmung von Distanzmaßen herangezogen werden. Wenn also Plausibilität tatsächlich das Ergebnis einer speziellen Form von Ähnlichkeitsurteilen ist und wenn die bisher dargelegt Ausführungen zum Begriff der Klasse korrekt sind, müssen die Plausibilitätsurteile für die Stimuli des vorangegangenen Versuchs und deren (in diesem Versuch zu erhebenden) Distanzmaße zu den Klassenzentroiden im Ähnlichkeitsraum korrelieren. Wir formulieren also die Hypothese für den hier dargestellten Versuch wie folgt:

Es besteht ein Zusammenhang zwischen den Plausibilitätsurteilen für die im Wiedergaberaum simulierten Räume (Versuch 2) und den Distanzmaßen von diesen Stimuli zu den durch die originalen Räume ermittelten Klassenzentroiden.

Versuch 2 hat das Urteilsverhalten der Probanden mit Bezug auf individuelle Klassensysteme untersucht. Auf diese Weise konnten zwar die Urteilsänderungen innerhalb der Probandengruppe erhoben werden, jedoch waren die absoluten Urteile kaum vergleichbar, da die Probanden jeweils unterschiedliche Klassenbezeichnungen und Klassenumfänge wählten. Dies wirft die Frage nach einem geeigneten Vorgehen auf, wenn wir die hier entwickelte Zusammenhangshypothese prüfen wollen: Die Hypothese bezieht sich ja auf die erwarteten Eigenschaften der Klasse (Klassenzentroide), die von jedem Probanden individuell festgelegt werden können. Während also der Fokus des zweiten Versuchs auf der Vergleichbarkeit von Plausibilitätsurteilen unterschiedlicher Betrachter lag, konzentriert sich dieser dritte Versuch auf die *inferenten* Zusammenhänge des jeweiligen Klassensystems. Dafür ist es notwendig, die *individuell* wahrgenommenen Ähnlichkeiten für die in Versuch 2 definierte Stimulusmenge zu erheben. Empirisch können wir diesen Zusammenhang also nur für jeden einzelnen Probanden individuell bestätigen, indem wir jeweils eine hinreichend große Zahl von Messpunkten für die Prädiktor- und die Kriteriumsvariable pro Proband erheben. Als Prädiktorvariable betrachten wir hier die Distanzmaße in Bezug auf die empirisch ermittelten Klassen innerhalb der MDS und als Kriteriumsvariable die Plausibilitätsurteile in Bezug auf die benannten Klassen.

Der Versuch muss folglich so ausgerichtet sein, dass er eine hohe Zahl von Messwerten *pro Proband* und *pro Klasse* erhebt. Dies erhöht die Versuchsdauer und beschränkt gleichzeitig aus praktischen Gründen die Zahl der Probanden. Mit ähnlichen Zielen und Rahmenbedingungen führte Jekosch (2005b) eine Untersuchung von synthetischer und natürlicher Sprache durch. Dabei ging es um den Vergleich von individuellen Ähnlichkeitsmustern von Stimuli zweier unterschiedlicher Sprecher. Der von Jekosch beschriebene Versuch wurde in der vollständigen Durchführung nur mit 2 Probanden durchgeführt, jedoch mit einer breiteren Kontrollgruppe abgesichert, indem das Urteilsverhalten zwischen den Probanden und der Kontrollgruppe anhand der Verteilung der Antworten verglichen wurde. Wenngleich der Rahmen der dort beschriebenen Experimente ein anderer war, stellen sich in der hier vorliegenden Untersuchung doch ähnliche Probleme: Aufgrund praktischer Erfordernisse der Durchführbarkeit (Zeit, Kosten, Verfügbarkeit freiwilliger Probanden) und aufgrund der Tatsache, dass pro Proband eine hohe Zahl von Messwerten erhoben werden soll, müssen die Einzelergebnisse durch Vergleich mit der größeren Probandengruppe aus Versuch 2 abgesichert werden. Dies heißt jedoch nicht, dass der Versuch keine objektiven Aussagen liefern könnte: Sofern wir die oben formulierte Hypothese anhand einzelner Probanden verifizieren und gleichzeitig aufgrund von Versuch 2 sicherstellen können, dass deren relative Urteile mit einer größeren Probandengruppe vergleichbar sind, ist dies ein Argument, um – mit entsprechender Vorsicht – auch annehmen zu dürfen, dass die Relevanz der Klassen für die Plausibilitätsurteile und die hier gewählte Abbildung in Distanzmaßen allgemeingültig ist.

Das Ziel ist es also, einen messtechnischen Ansatz zu entwerfen und durchzuführen, der die Klasse als Referenz quantitativ erfasst und der es erlaubt, Plausibilität als das zu überprüfen, was wir bisher nur begründet vermuten: Nämlich als einen Spezialfall von Ähnlichkeitsurteilen. In diesem Sinn ist der Versuch als Machbarkeitsstudie zu verstehen, die (abstrakte) Klasse als Referenz sichtbar und damit messtechnisch erfassbar zu machen.

Die oben formulierte Zusammenhangshypothese für Plausibilitätsurteile und Distanzmaße im Ähnlichkeitsraum soll im Folgenden mit Hilfe einer Regressionsanalyse überprüft werden. Darüber hinaus soll exemplarisch für das in Versuch 2 beschriebene Szenario die Höhe der Korrelation für verschiedene Minkowski-*r*-Metriken der MDS untersucht werden. Gemeinsam mit einer Faktorenanalyse kann dies darüber Aufschluss geben, welche Wahrnehmungsdimensionen für das Plausibilitätsurteil relevant sind.

3.4.2 Stimuli und Versuchsdurchführung

Um eine Vergleichbarkeit mit den Ergebnissen von Versuch 2 (Abschn. 3.3) sicherzustellen, wurden dieselben Stimuli verwendet wie in Abschn. 3.3.4 beschrieben. Die teilnehmenden Probanden durchliefen zunächst Versuch 2 (Abschn. 3.3.5). Anschließend konnten sich die Probanden nochmals mit den insgesamt $n=30$ Stimuli vertraut machen (15 originale Räume und 15 im Wiedergaberaum reproduzierte Räume, vgl. Benutzeroberfläche im Anhang 5.5, Abb. 5.14). Dann wurden die Stimuli den Probanden über eine grafische Benutzeroberfläche randomisiert in Paarvergleichen dargeboten (vgl. Abb. 5.15 in Anhang 5.5). Es lagen $n \cdot (n-1)/2=435$ Paarvergleiche vor. Über einen Schieberegler konnte die Unähnlichkeit der beiden Stimuli auf einer stufenlosen Skala von 0 bis 10 bewertet werden. Darüber hinaus wurden – wie bereits erwähnt – die Plausibilitätsurteile der Probanden gemäß der Durchführung von Versuch 2 (Abschn. 3.3.5) erhoben. Dies waren pro Proband weitere 120 Stimulusdarbietungen (30 Stimuli à 4 Klassen, vgl. Abschn. 3.3.5). Insgesamt lagen also 555 Darbietungen zur Bewertung vor. Aufgrund der in Abschn. 3.4.1 dargestellten Zielsetzung und der Rahmenbedingungen für diesen Versuch nahmen 2 Probanden an der Durchführung teil (beide männlich, 54 und 36 Jahre). Die Probanden wurden für ihre Teilnahme am Versuch nicht entlohnt. Sie hatten eine tontechnische Ausbildung und bereits Erfahrung als Teilnehmer von Hörversuchen. Der gesamte Versuch dauerte pro Proband 4 bzw. 6,5 Stunden. Die Probanden konnten jederzeit eine Pause von einigen Minuten einlegen, wenn sie es wünschten. Es wurde dasselbe Wiedergabesystem verwendet, wie in Abschn. 3.3.5 beschrieben.

3.4.3 Ergebnisse

Bevor wir die Einzelergebnisse der Probanden betrachten, wird zunächst in Anlehnung an Jekosch (2005b) das Urteilsverhalten im Vergleich zu den Ergebnissen der größeren Probandengruppe aus Versuch 2 überprüft. Die Werte für die Urteilsdifferenzen ΔP_n der Kontrollgruppe aus Versuch 2 liefern ein Kriterium, um das Urteilsverhalten der beiden Probanden aus Versuch 3 zu beurteilen: Sofern die Ergebnisse repräsentativ sein sollen, müssen die Urteilsdifferenzen ΔP_n der beiden Probanden aus Versuch 3 den in Versuch 2 ermittelten Ergebnissen entsprechen. Abbildung 3.10 zeigt die Mittelwerte der Urteilsdifferenzen ΔP_n der Kontrollgrup-

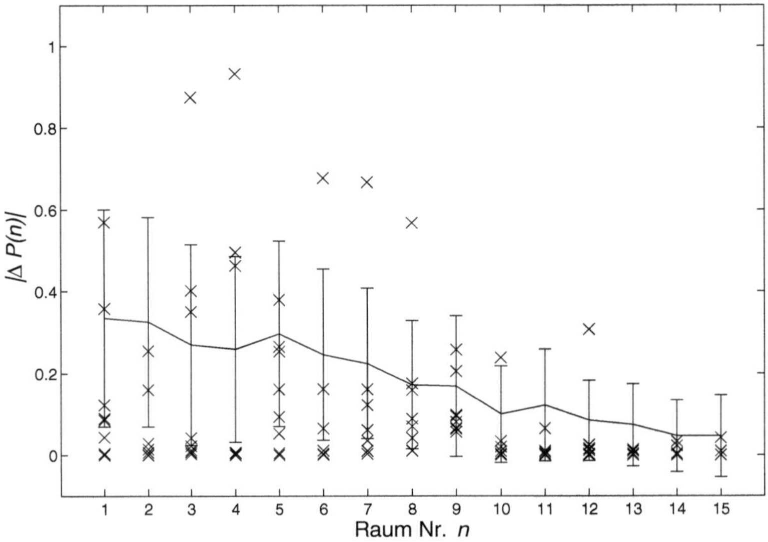

Abb. 3.10 Versuch 3, Urteile der Probanden im Vergleich zur Kontrollgruppe. Die durchgezogene Kurve gibt die Mittelwerte der Urteilsdifferenzen zwischen Original und Reproduktion für die Kontrollgruppe wieder (vgl. Abschn. 3.3.2 und 3.3.6), zusätzlich sind die entsprechenden Standardabweichungen eingezeichnet. Die zu vergleichenden Urteile der Probanden aus Versuch 3 sind mit Kreuzen (X) dargestellt

pe, die entsprechenden Standardabweichungen, sowie die Ergebnisse für Proband 1 und Proband 2 (gekennzeichnet als „X").

Die Darstellung lässt bereits erkennen, dass die Probanden etwa mit gleichem Mittelwert und gleicher Verteilung die Urteile für die Stimuli gebrauchen. Eine Einzelbetrachtung der Ergebnisse zeigt darüber hinaus keinen Hinweis auf Skalenverzerrungen. Analog zum Vorgehen in Versuch 2 (Abschn. 3.3.6) wird mit Hilfe eines *U*-Tests nach Mann & Whitney geprüft, ob die Mittelwerte der Urteile der beiden Probanden von den erwarteten Mittelwerten der Kontrollgruppe abweichen. Der Test ergibt, dass keine signifikanten Abweichungen vorliegen (5 %-Niveau). Ebenso ergibt ein Ansari-Bradley-Test, dass keine relevanten Abweichungen der Streuungen für Proband 1 und 2 von den erwarteten Streuungen der Kontrollgruppe bestehen. Einzig für Proband 2 ermittelt der Test, dass die Streuung der Urteile über Raum Nr. 14 (T_{60} = 5,0 *s*) von der Kontrollgruppe abweicht (die Streuung für diesen einzelnen Raum ist geringer). Innerhalb des Gesamtbilds können wir aufgrund der Ergebnisse jedoch trotz dieser einzelnen Abweichung davon ausgehen, dass die beiden Probanden im Vergleich zur Kontrollgruppe repräsentativ urteilen.

Die Ähnlichkeitspaarvergleiche der beiden Probanden werden zunächst mit Hilfe einer MDS auf der Basis einer euklidischen Metrik ausgewertet. Für Proband 1 erklären die ersten zwei Faktoren 60,5 % bzw. 19,3 % der Varianz, für Proband 2 sind es 74,0 und 13,0 % der Varianz. Alle anderen Faktoren erklären jeweils weniger als 3 % der Varianz. Ein Scree-Test bestätigt die Relevanz der ersten zwei

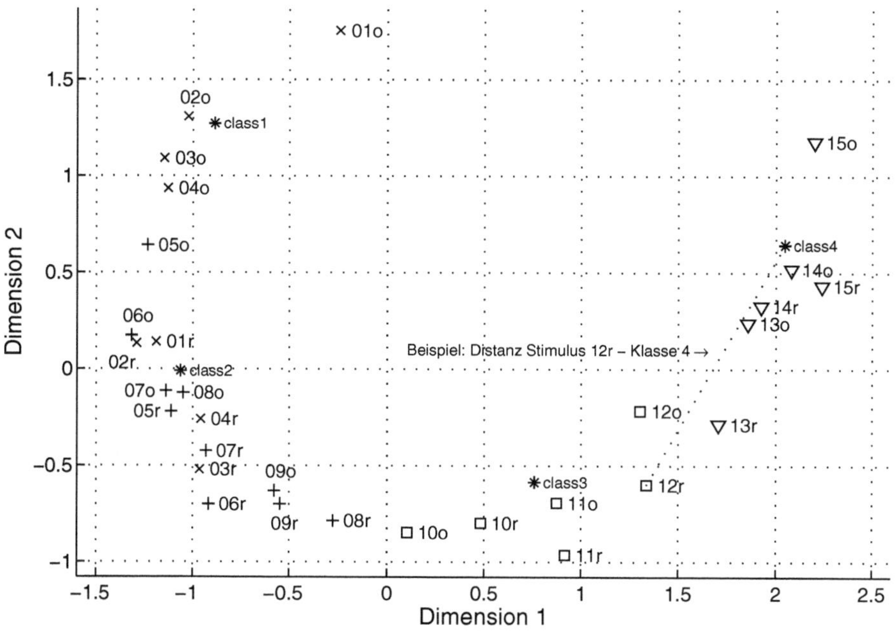

Abb. 3.11 Versuch 3, Darstellung der MDS für Proband 1 (Erläuterungen und Zeichenerklärungen siehe Text)

Faktoren. Es ist also davon auszugehen, dass die Distanzmaße mit Hilfe der ersten zwei Dimensionen hinreichend genau dargestellt werden.

Abbildung 3.11 und 3.12 zeigen die Ergebnisse der MDS für beide Probanden. Die „originalen" Stimuli sind in aufsteigender Raumgröße mit „*1o*" bis „*15o*" bezeichnet, die Stimuli, bei denen der Raum im Wiedergaberaum reproduziert wird, entsprechend mit „*1r*" bis „*15r*".

Es wurde ein weiterer Versuch durchgeführt, um die mit den Dimensionen verbundenen Wahrnehmungsgrößen zu erheben (Versuch 4, Abschn. 3.5). Zwar ist aufgrund der dort erhaltenen Daten kein eindeutiges Merkmal für jede Dimension erkennbar, jedoch lässt sich erkennen, dass die 1. Dimension insbesondere die wahrgenommene Nachhalldauer widerspiegelt. Für die 2. Dimension ist überraschenderweise nicht zunächst die Klangfarbe relevant, wie man vermuten könnte, sondern die Distanz der Schallquelle. Neben den genannten Merkmalen treten pro Dimension weitere Merkmale hinzu – die Ergebnisse zu diesem Versuch 4 werden in Abschn. 3.5.3 diskutiert.

Auffällig ist bei den hier vorliegenden Stimuli, dass gerade Räume mit sehr kurzen Nachhallzeiten oder mit sehr langen Nachhallzeiten (Räume 1–6, $T_{60}<0{,}7$ s und Räume 13–15, $T_{60}>4{,}0$ s) stärker nach der Dimension 2 als nach der Dimension 1 differenziert werden. Für die mittlere Räume 7–12 (0,5 s$<T_{60}<$1,1 s) ist die Dimension 1 als Differenzierungsmerkmal relevant (d. h. insbesondere die wahrgenommene Nachhalldauer). Ferner ist zu erkennen, dass die originalen Räume von

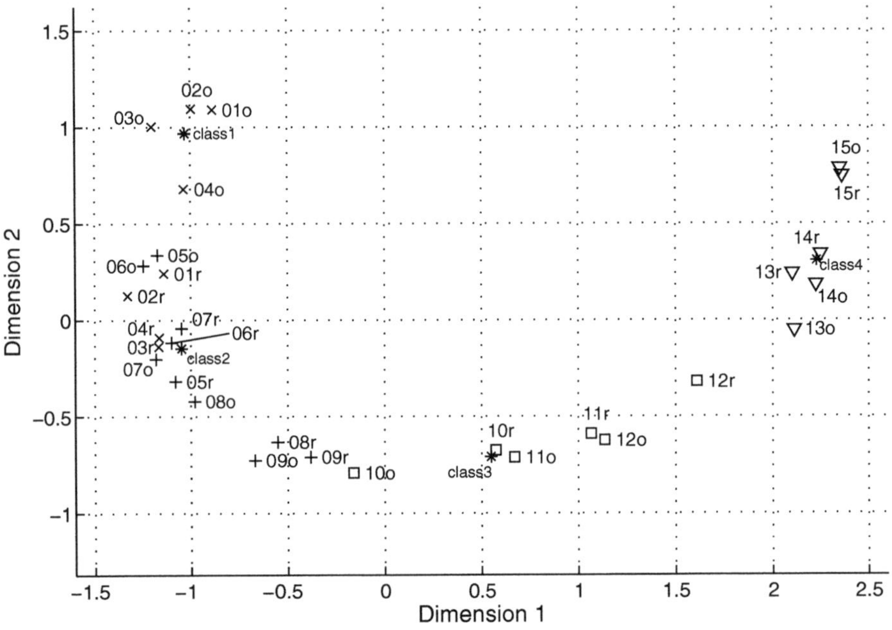

Abb. 3.12 Versuch 3, Darstellung der MDS für Proband 2 (Erläuterungen und Zeichenerklärungen siehe Text)

1 bis 15 in aufsteigender Reihenfolge angeordnet sind, während die reproduzierten Räume 1–8 nah beieinander liegen und erst für höhere Raumgrößen ähnlich gut differenziert werden wie die originalen Räume. Hier zeigt sich der Einfluss des Wiedergaberaums, der insbesondere bei kleinen simulierten Räumen hervortritt: Der wahrgenommene Raum ähnelt bei kleinen simulierten Räumen stärker dem Wiedergaberaum (hier: Raum 7). Ferner ist zu sehen, dass die reproduzierten Räume 6–11 größere Faktorenwerte für den ersten Faktor besitzen als die entsprechenden originalen Räume. Auf dem zweiten Faktor zeigt sich eine Differenzierung zwischen Original und Reproduktion jeweils für extreme Raumgrößen während für mittlere Räume bezüglich dieser Dimension keine oder allenfalls eine geringe Trennung der Stimuluspaare zu erkennen ist.

Die Klassenzugehörigkeit für die Räume wird jeweils durch die Form der Symbole wiedergegeben. Tabelle 3.3 stellt die Bezeichnungen und Klassenumfänge der Probanden dar.

Um nun die Klassen in den Diagrammen darzustellen, werden gemäß dem in Abschn. 3.4.1 beschriebenen Vorgehen pro Klasse Mittelwerte μ_{ik} aus den Faktorenwerten der originalen Stimuli ermittelt. Hierbei bezeichnet i den Faktor (1 oder 2) und k die Klasse. Es ergibt sich pro Klasse ein Koordinatenpaar aus den Mittelwerten für die beiden Faktoren, mit dem die Klassenzentroide aus der Stichprobe geschätzt werden. Diese Klassenzentroide sind jeweils durch die mittleren Faktorenwerte im Diagramm dargestellt und mit „*class1*“ bis „*class4*“ bezeichnet.

Tab. 3.3 Versuch 3: Klassenbezeichnungen und -umfänge der Probanden

	Klassenbezeichnung	Umfang
Proband 1	Zimmer	Räume 1 bis 4
	Saal	Räume 5 bis 7
	Kirche	Räume 8 bis 11
	Grotte	Räume 12 bis 15
Proband 2	Kleines Zimmer	Räume 1 bis 4
	Großes Zimmer	Räume 5 bis 9
	Konzertsaal	Räume 10 bis 12
	Kirche	Räume 13 bis 15

Gemäß der in Abschn. 3.4.1 formulierten Hypothese interessieren wir uns für die Distanz der Stimuli *1r* bis *15r* zu den Klassenzentroiden. Unser Ziel ist, den Zusammenhang zwischen diesen Distanzen und den auf die jeweilige Klasse bezogenen Plausibilitätsurteilen für die reproduzierten Räume zu ermitteln. Für den Raum *12r* und die Klasse 4 von Proband 1 gibt Abb. 3.11 diese Distanz exemplarisch wieder. In ähnlicher Weise werden die Distanzen aller Stimuli *1r–15r* zu allen Klassenzentroiden ermittelt. Die entsprechenden Plausibilitätsurteile der im Wiedergaberaum reproduzierten Stimuli im Vergleich zu allen Klassen wurden für die beiden Probanden in Versuch 2 erhoben.

Um nun den Zusammenhang zwischen beiden Größen pro Proband zu ermitteln, wird eine Regressionsanalyse durchgeführt. Evtl. vorhandene Ausreißer in den Datensätzen wurden mittels einer Residuenanalyse identifiziert. Für Proband 1 und 2 wird nun die Regressionsgerade ermittelt für den Zusammenhang der Plausibilitätsurteile (reproduzierte Räume *1r* bis *15r*) und des Distanzmaßes zu den Klassenzentroiden. Die Messwertpaare für Proband 1 sind in Abb. 3.13 und die für Proband 2 in Abb. 3.14 zusammengefasst.

Wir erhalten Korrelationen von $r = -0{,}77$ bzw. $r = -0{,}82$. Der Signifikanztest wird nach Bortz (2005, S. 217) mit Hilfe einer t-Verteilung überprüft. Wir erhalten für Proband 1 einen Wert von $t = 9{,}2$ und für Proband 2 den Wert $t = 10{,}8$. Auf dem 5 %-Niveau ist dies mit einem kritischen t-Wert von $t = 2{,}7$ ein hoch signifikanter Zusammenhang.

Wir können aufgrund dieser Ergebnisse schlussfolgern, dass sich das Plausibilitätsurteil linear mit steigender Distanz zwischen Stimulus und dem jeweiligen Klassenzentroiden verringert. Da wir aufgrund der Ausführungen von Abschn. 3.4.1 annehmen, dass der Klassenzentroid die jeweilige Erwartungshaltung des Probanden repräsentiert (Mittelwert der Faktorenwerte aus den der jeweiligen Klasse zugeordneten Stimuli), können wir hier also davon ausgehen, dass das Distanzmaß den größten Teil der Varianz des Urteilsverhaltens aufklärt.

Interessant ist, dass sich in diesem Zusammenhang auch die einzelnen Tendenzen der Ergebnisse von Versuch 2 wiederspiegeln: In Versuch 2 haben wir gesehen, dass der Einfluss des Wiedergaberaums nicht prinzipiell zu einer Verschlechterung des Plausibilitätsurteils führt, sondern dass die Reproduktion durchaus plausibler bewertet wird als das Original. Dies zeigt sich auch in den Distanzmaßen der MDS: Kleine reproduzierte Räume (*1r* bis *8r*) liegen von der Klassen 1 relativ weit ent-

Abb. 3.13 Versuch 3, Regressionsgerade für Proband 1 für den Zusammenhang von Plausibilitätsurteilen über die Stimuli 1r–15r und den Distanzmaßen zu den jeweiligen Klassenzentroiden im Ähnlichkeitsraum

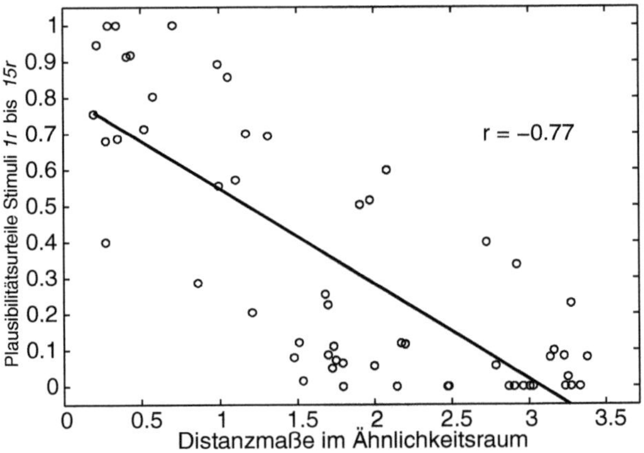

Abb. 3.14 Versuch 3, Regressionsgerade für Proband 2 für den Zusammenhang von Plausibilitätsurteilen über die Stimuli 1r–15r und den Distanzmaßen zu den jeweiligen Klassenzentroiden im Ähnlichkeitsraum

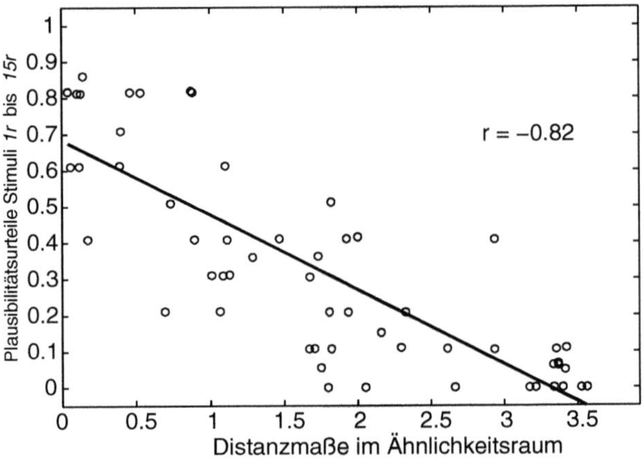

fernt. Ihre Plausibilität wurden von den Probanden im Vergleich zur Klasse 1 gering bewertet (vgl. Daten von Proband 1 und 2 in Abb. 5.13, Anhang 5.4). Umgekehrt betrachtet liegen diese Räume *1r* bis *8r* näher an den Klassen 3 und 4. Im Vergleich zu diesen Klassen wurden die Reproduktionen plausibler bewertet als ihr Original.

Aufbauend auf die Darstellung aus Abschn. 3.4.1 interessieren wir uns ferner dafür, welche Metrik der MDS die höchsten Korrelationen zwischen den Ergebnissen aus Versuch 2 und Versuch 3 liefert. In Abb. 3.13 und 3.14 wurde die Regressionsgerade jeweils für eine euklidische Metrik (Minkowski-*r*-Metrik mit $r=2$) dargestellt, um den Zusammenhang zwischen den Plausibilitätsurteilen und den Distanzmaßen zu beschreiben. Wir haben mit dieser Metrik Korrelationswerte von $r=-0{,}77$ bzw. $r=-0{,}82$ erhalten. In der Literatur wird sowohl für die Korrelation wie auch für den Metrik-Exponent die Variable *r* verwendet. Zur besseren Unterscheidung wird daher im Folgenden die Korrelation mit r_k und der Metrik-Exponent mit r_m bezeichnet.

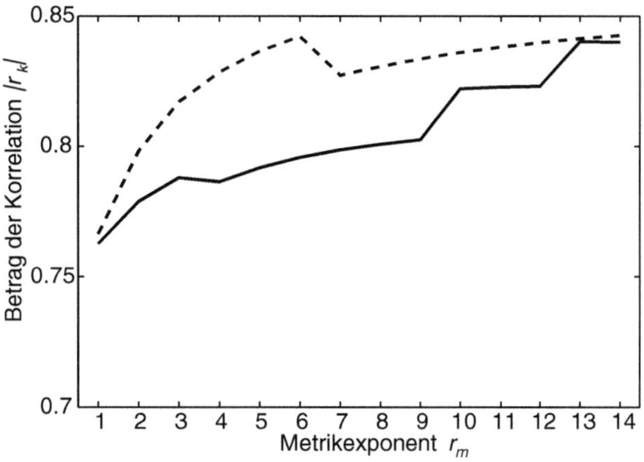

Abb. 3.15 Versuch 3, Betrag der Korrelation $|r_k|$ in Abhängigkeit des Metrikexponenten r_m. Die durchgezogene Linie bezeichnet die Ergebnisse für Proband 1, die gestrichelte Linie die Ergebnisse für Proband 2

Abbildung 3.15 zeigt den Zusammenhang für Metrik-Exponenten r_m und des Betrags der Korrelation $|r_k|$ für einen Wertebereich von $r_m = 1 \ldots 14$, jeweils für Proband 1 und 2.

Zwar wäre es bei der kleinen Anzahl an Probanden vermessen, weitreichende Schlussfolgerungen zu ziehen. Jedoch lässt sich an dieser Stelle feststellen, dass für die hier vorliegenden Stimuli offenbar ein „spezifisch-akzentuierendes" Urteilsverhalten vorliegt (Minkowski-*r*-Metrik mit $r_m > 2$): Wahrnehmungsdimensionen, in denen die Stimuli stark von der Erwartungshaltung abweichen, werden im Urteil überproportional reflektiert.

3.4.4 Diskussion

Hinsichtlich des hier vorliegenden Urteilsprozesses konnte der Versuch drei wesentliche Aspekte beleuchten:

- Die Anzahl der für den Prozess relevanten Wahrnehmungsdimensionen
- Die Referenzen als Klassen innerhalb dieser Wahrnehmungsdimensionen
- Sowie das Plausibilitätsurteil als Ähnlichkeitspaarvergleich und insbesondere die ihm zugrundeliegende Metrik.

Diese Eigenschaften werden im Folgenden unter verschiedenen Blickwinkeln diskutiert:

Bezüglich der Wahrnehmungsdimensionen, die dem Plausibilitätsurteil in diesem und im vorangegangenen Versuch zugrundeliegen, erlauben die Ergebnisse mehrere Aussagen: Zunächst lässt sich feststellen, dass die Stimuli und damit auch die hier abgebildeten Klassen als Urteilsreferenzen durch zwei Wahrnehmungsdimensionen charakterisiert werden. Die mit den Dimensionen verbundenen Merkmale werden in Versuch 4 (Abschn. 3.5) untersucht.

Der graphischen Repräsentation der MDS in Abb. 3.11 und 3.12 lässt sich entnehmen, dass die Dimension 2 nicht nur ein Unterscheidungsmerkmal für die im Wiedergaberaum simulierten Räume darstellt, sondern dass auch bereits die „originalen" Räume nach beiden Dimensionen differenziert werden. Die Dimension 2 ist dabei insbesondere für Räume in den Extrembereichen relevant (T_{60} < 0,7 s bzw. T_{60} > 4,0 s), während mittlere simulierte Räume (0,5 s < T_{60} < 1,1 s) vor allem nach der Dimension 1 unterschieden werden.

Der Einfluss des Wiedergaberaums macht sich vor allem bei kleinen simulierten Räumen bemerkbar – dies wurde aufgrund der Ergebnisse von Versuch 2 bereits vermutet. Kleine simulierte Räume sind bei Reproduktion im Wiedergaberaum kaum noch zu differenzieren und liegen in der MDS alle in der Nähe von Raum „*7o*", der dem Wiedergaberaum entspricht (T_{60} = 0,9 s). Die Differenzierung zwischen Original und Reproduktion erfolgt hier jeweils vor allem durch die Dimension 2. Für die Räume 7–12 (0,5 s < T_{60} < 1,1 s) ist ebenfalls eine deutliche Unterscheidung zwischen originalen Räumen und im Wiedergaberaum simulierten Räumen festzustellen. Diese unterscheiden sich jedoch vor allem bezüglich der Dimension 1 (d. h. insbesondere bezüglich der wahrgenommenen Nachhalldauer, vgl. Versuch 4, Abschn. 3.5). Für die Räume mit Nachhallzeiten über 5,0 s (Räume 14 und 15) ist schließlich kaum noch ein Einfluss des Wiedergaberaums festzustellen.

Die Ergebnisse aus Versuch 2 werden durch Versuch 3 durch mehrere Eigenschaften bestätigt: Zunächst können wir feststellen, dass das Urteilsverhalten über die Distanzmaße zu den jeweiligen Klassen erklärt werden kann. Die starke Beeinflussung der Plausibilitätsurteile wird in den großen Distanzen der im Wiedergaberaum simulierten Stimuli *1r* bis *8r* zu ihren jeweiligen Originalen deutlich.

Im vorliegenden Szenario können wir die Ergebnisse zur Metrik aufgrund der kleinen Probandenzahl nur mit Vorsicht interpretieren. Offenbar haben wir es hier mit einem Urteilsverhalten zu tun, das hohe Merkmalsdifferenzen stärker gewichtet als niedrige (Minkowski-*r*-Metrik mit r_m > 2) Dieses spezifisch-akzentuierende Urteilsverhalten der Probanden zeigt aus einem anderen Blickwinkel als in Versuch 2, wie Stimuli mit Einfluss des Wiedergaberaums die Erwartungshaltung durchbrechen. Der hohe Wert für den Metrikexponenten entspricht der Eigenschaft menschlicher Wahrnehmung, dass Merkmale insbesondere dann hervortreten, wenn die Erwartungshaltung des Urteilenden nicht erfüllt wird (Jekosch 2005a). Die Erwartungshaltung wird hier durch die zuvor von den Probanden benannten Klassen definiert. Kleine Räume zeichnen sich bei Reproduktion im Wiedergaberaum durch Änderungen aus, die von den Probanden aufgrund der zugrundeliegenden Metrik nicht mit anderen Merkmalen „gleichmäßig" in ein gemeinsames Urteil integriert wird. Da Plausibilität als komplexe Wahrnehmungsgröße i. d. R. aus einer Vielzahl von Dimensionen zusammengesetzt wird, darf man erwarten, dass in den meisten praktischen Anwendungsfällen so wie hier ein spezifisch-akzentuierendes Urteilsverhalten vorliegt (vgl. Bortz und Döring 2006, S. 175). Hierin zeigen sich interessante Parallelen zu Ergebnissen aus der visuellen Wahrnehmung, bei denen ebenfalls eine Tendenz zu höheren Metriken festgestellt werden konnte, je komplexer die Ähnlichkeitspaarvergleiche werden (Wender 1969). Bezogen auf das Engineering von Virtuellen Umgebungen und auf die Optimierung von Systemen ist dies insofern interessant, als dass bei hohen Metrikexponenten jeweils eine einzelne Wahrnehmungsdimension zur Beurteilung der Qualität in den Vordergrund rückt. Mit diesem Wissen lässt sich die Optimierung u. U. auf ein einzelnes Qualitätsmerkmal (und damit auf entsprechende Qualitätselemente) effizient beschränken.

Messtechnisch demonstriert der vorliegende Versuch ein Verfahren, um die abstrakte Klasse als Referenz des Plausibilitätsurteils im Ähnlichkeitsraum abzubilden. Mit Hilfe der klassifizierten Stimuli lässt sich durch eine MDS pro Klasse ein Klassenzentroid aus der Stichprobe schätzen. Dieser repräsentiert die Referenz des Urteils innerhalb der untersuchten Urteilsdimensionen. Auf diese Weise ist es möglich, nicht nur die dem jeweiligen Plausibilitätsurteil zugrundeliegenden Wahrnehmungsdimensionen zu analysieren, sondern auch deren Relevanz für das Urteil zu bewerten. Ferner zeigt der Versuch ein Verfahren auf, um die Referenz des Urteils als Klasse und Objekt der Vorerfahrung messtechnisch abzubilden und das Urteilsverhalten auf Distanzmaße im Ähnlichkeitsraum zu beziehen. Die Distanzmaße der Stimuli zu diesen Klassenzentroiden verhalten sich dabei antiproportional zu den jeweiligen Plausibilitätsurteilen. Während wir in Versuch 2 die Klasse nur nominativ abbilden konnten, erlaubt das hier gezeigte Vorgehen, die Klasse auch quantitativ darzustellen.

Dadurch beleuchtet der Versuch den Prozess, der zum Plausibilitätsurteil führt: Zwar sind die Klassenstrukturen für jeden Probanden individuell, jedoch ergibt sich das Urteil aus der Distanz des Wahrnehmungsobjekts zum Klassenzentroiden der jeweiligen individuellen Klasse. Der Klassenzentroid repräsentiert hier die Erwartungshaltung des Wahrnehmenden für die jeweilige Klasse. Plausibilität ergibt sich folglich aus der Bedeutung der Klasse und der Integration aller differenzierenden Merkmale in eine Gesamtdistanz zu dieser Klasse.

Da die Klasse als abstraktes Objekt der Vorerfahrung nicht unmittelbar mit einem bestimmten Stimulus verknüpft ist, kann sie von außen ausschließlich über einen Messprozess sichtbar gemacht werden, der die jeweiligen Klasseneigenschaften anhand einzelner, konkreter Objekte darstellt. Damit wird jedoch nicht die Klasse als Prototyp schlechthin erhoben, sondern nur eine Aussage darüber getroffen, welche konkreten Objekte dieser abstrakten Klasse möglichst nahkommen. Die Klassifikation von bestimmten Wahrnehmungsobjekten, die hier zur Referenzierung der Messung genutzt wird, kann folglich die vom Probanden jeweils benannte Klasse nur bezüglich der relevanten Parameter „abtasten", jedoch nicht im Sinne des der Klasse zugrundeliegenden inferenten Zusammenhangs vollständig und unmittelbar erheben. Wenn wir also wie in diesem Versuch durch Klassifikation von Wahrnehmungsobjekten versuchen, ein Abbild von Klassen zu schaffen, müssen wir uns bewusst sein, dass wir dieses nur aus der Gesamtheit aller der jeweiligen Klasse zugeordneten Wahrnehmungsobjekte mittelbar erfassen können.

In diesem Rahmen ließe sich die Klassenzuordnung theoretisch noch genauer darstellen, wenn eine Diskriminanzanalyse verwendet würde. Nach Stevens

(2002)[10] sind dafür pro Urteilsdimension mindestens 20 zu klassifizierende Stimuli notwendig, in unserem Beispiel also nicht wie hier verwendet 15 sondern 40 verschiedene Raumgrößen (weil wir es mit zwei Dimensionen zu tun haben, die für die Differenzierung relevant sind). Da die Stimuli in zwei Versionen („Original" und „Reproduktion") dargeboten werden und außerdem das jeweilige Plausibilitätsurteil im Vergleich zu den von den Probanden benannten Klassen abgefragt wird, müssten wir zur Durchführung dieses Tests pro Proband über 3000 Urteile erheben. Die Testdauer würde damit auf mehr als 24 Stunden pro Proband anwachsen. Dieser Umfang übersteigt die Möglichkeiten der Versuchsdurchführung im Rahmen des hier beschriebenen Projekts.

In Versuch 1 hatten wir zeitliche Beeinflussungen des Plausibilitätsurteils beobachtet, diese jedoch nicht auf die Klasse als Referenz des Urteilsverhaltens bezogen. Die Frage liegt nah, wie dieses Urteilsverhalten durch eine Abbildung der sich ändernden Klassenstruktur dargestellt werden kann. Wie bereits in der Einleitung zu diesem Versuch angedeutet, konnten in Vorversuchen des Autors charakteristische Änderungen der Distanzmaße der bewerteten Stimuli mit Hilfe einer Clusteranalyse beobachtet werden, wobei diese auf Akkommodationsprozesse bezogen werden konnten. Jedoch ließ sich damit die Klasse als konkretes Objekt im Sinne einer Referenz nicht abbilden, so wie dies hier mit Hilfe einer MDS geschieht, da die Clusteranalyse deutlich geringere Voraussetzungen an die zu analysierende Stichprobe stellt. Auf der Ebene individueller Klassensysteme, wie sie hier im Versuch als Referenz abgebildet wurden, müssen wir jedoch feststellen, dass wir zur Analyse von Akkommodationsprozessen mit den Methoden der MDS an die Grenzen der Messbarkeit gelangen: Die Abbildung der „Verschiebung" von Klassen in einem Ähnlichkeitsraum, der im Sinne einer MDS durch die Gesamtheit der Ähnlichkeitsbewertungen aller Stimuli definiert ist, setzt voraus, dass dem Probanden bereits alle Stimuli zur Durchführung der Messung bekannt sind. Andernfalls sind Ähnlichkeitsräume nicht vergleichbar. Die Klasse wird in dem hier dargestellten Prozess aber nur *mittelbar* durch die Klassifikation von Stimuli dargestellt. Der Klasse (Referenz) ist stets nur innerhalb des Ähnlichkeitsraums definiert, der durch die verwendeten Stimuli abgedeckt wird. Da Klassensysteme, wie wir sie hier betrachtet haben, individuell sind und nicht zwischen verschiedenen Probanden verglichen werden können, müssten die Klassen pro Proband vor und nach dem Akkommodationsprozess abgebildet werden. Die Vergleichbarkeit der Abbildungen setzt aber voraus, dass alle Stimuli dargeboten werden. Der Akkommodationsprozess läuft also bereits während der Messung ab und verfälscht damit die Abbildung. In Vorversuchen des Autors zeigte sich jedoch, dass die damit verbundenen Akkommodationsprozesse für die vorliegenden Stimuli sogar im Einzelfall offenbar schneller als der Messprozess ablaufen können. Die Messung unterläuft damit sozusagen sich selbst: Die zu messende Eigenschaft wird bereits durch die Messung unkontrolliert verändert.

[10] zitiert in Bortz (2005).

Das Problem bei der Abbildung der Änderung der Klassenstruktur ist hier neben dem Ablauf des Akkommodationsprozesses während der Messung ferner die Individualität der jeweiligen Klassifikationen in Verbindung mit der Notwendigkeit eines indirekten Messverfahrens: Die Klasse kann als abstraktes Objekt nur durch konkrete Wahrnehmungsobjekte mittelbar dargestellt werden. Da der zuletzt genannte Punkt messtechnisch nicht anders durchgeführt werden kann, ließe sich hier zumindest spekulieren, ob weitere Aussagen mit Hilfe eines Ansatzes möglich wären, der strengere Voraussetzung an das der Messung zugrundeliegende Klassensystem stellt. Wenn es möglich wäre, ein und dasselbe Klassensystem auf mehrere Probanden anzuwenden, wäre zumindest eine vergleichende Messung zwischen zwei Probandengruppen möglich. Hierzu müssten jedoch grundlegende Fragen beantwortet werden, welche Eigenschaften von Klassen auf interindividuell vergleichbaren Werte zurückgeführt werden können, ohne dass die Abbildung des Prozesses und damit des Urteilsverhaltens erheblich verfälscht wird. Die Schlussdiskussion in Kap. 4 wird hierauf näher eingehen.

Wenn wir an dieser Stelle eine exakte Abbildung des Akkommodationsprozesses in Bezug auf die Klassen als Urteilsreferenz nicht durchführen können, heißt dies jedoch nicht, dass die Messungen bezüglich der Urteilsreferenzen an sich wertlos sind. Die Ergebnisse bestätigen, was bereits in Abschn. 3.3 und 3.4 dargelegt wurde: Während sich in diesem Versuch die einzelnen Urteile und Wahrnehmungsobjekte aufgrund individueller Klassen einer interindividuellen Vergleichbarkeit entziehen, sind nichtsdestoweniger über den Prozess, der zum Urteil führt, vergleichbare Aussagen möglich. So ist hier eine Analyse der dem Plausibilitätsurteil zugrundeliegenden Wahrnehmungsdimensionen und ihrer Metrik möglich. Hingegen liegt die Beschreibung der Eigenschaften von Klassenentwicklungen im Allgemeinen im Grunde weit jenseits der in diesem Buch gestellten Frage nach der Objektivierbarkeit von Plausibilitätsurteilen. Im Sinne einer explorativen Arbeit sind die bisherigen Ergebnisse auf dem sehr weiten Gebiet der Klassen- und Urteilsbildung als Machbarkeitsstudie am Beispiel von Plausibilitätsurteilen zu verstehen. Angesichts der Problemstellung wäre es vermessen, im Rahmen dieser Untersuchungen eine umfassende Aussage über Klassenbildung im Allgemeinen treffen zu wollen.

In Bezug auf Plausibilität als Messgröße lassen sich jedoch aufgrund der bisherigen Ergebnisse bereits vielfältige Schlussfolgerungen ziehen, die interindividuell vergleichbare Eigenschaften des Prozesses untermauern, messtechnisch darstellbar machen und den in Kap. 2 dargestellten pluralisierten Wirklichkeitsbegriff differenziert beleuchten. Zuletzt wurde dies im vorliegenden Versuch bezüglich der dem Plausibilitätsurteil zugrundeliegenden Wahrnehmungsdimensionen gezeigt. Damit konnte das Plausibilitätsurteil auch als Ähnlichkeitsurteil messtechnisch abgebildet werden, sowie Aussagen über die dem Prozess zugrundeliegende Metrik getroffen werden. Kapitel 4 wird die Ergebnisse aus allen drei Experimenten im Gesamtzusammenhang diskutieren. Zuvor soll jedoch noch ein vierter Versuch dargestellt werden, der zur Untersuchung derjenigen Merkmale durchgeführt wurde, die mit den in diesem Versuch erhobenen Wahrnehmungsdimensionen verbunden sind.

3.5 Versuch 4 – Untersuchung zu Merkmalen der Wahrnehmungsdimensionen für Stimuli aus Versuch 3

Der vorangegangene Versuch 3 (Abschn. 3.4) hatte zwei Wahrnehmungsdimensionen erhoben, nach denen die dargebotenen Stimuli (vgl. Abschn. 3.4.3) differenziert wurden. Um Aussagen darüber treffen zu können, welche Merkmale mit diesen Dimensionen verbunden sind, wurde der nun dargestellte zusätzliche Versuch durchgeführt. Die Ergebnisse dieses Versuchs wurden bereits in den Ausführungen zu Versuch 3 (Abschn. 3.4.3 und 3.4.4) kurz erwähnt und sollen in diesem Abschnitt ausführlicher dargestellt werden. Für die hier zentrale Frage, wie Plausibilitätsbeurteilungsprozesse ablaufen, ist die in diesem Abschnitt vorgestellte Erhebung der mit den Dimensionen verbundenen Merkmale zwar nicht von entscheidender Bedeutung. Jedoch sind die Ergebnisse interessant, um die Strukturierung der verwendeten Stimuli genauer zu beleuchten und die für das Plausibilitätsurteil relevanten Merkmale konkret zu benennen.

3.5.1 Versuchsdurchführung

Um die mit den Dimensionen verbundenen Merkmale zu erheben, wurden Probanden nacheinander zwei ausgewählte Stimuluspaare aus den Stimuli von Versuch 3 dargeboten. Es wurden Paare ausgewählt, die sich aufgrund der Ergebnisse von Versuch 3 in jeweils einer der beiden Dimensionen stark unterschieden, in der anderen Dimension jedoch nahezu als gleich bewertet wurden (vgl. Ergebnisse der MDS, Abb. 3.11 und 3.12). Folgende Paare wurden dargeboten:

1. Stimulus „*5o*“ – Stimulus „*14o*“
   (beide Räume ohne Einfluss des Wiedergaberaums, T_{60}=0,6 s bzw. 5,0 s)
2. Stimulus „*2o*“ – Stimulus „*6r*“
   (Raum „*2o*“ ohne Einfluss des Wiedergaberaums, T_{60}=0,3 s
   Raum „*6r*“ mit Einfluss des Wiedergaberaums, T_{60}=1,7 s)

Die Probanden wurden aufgefordert, für jedes Stimuluspaar bis zu vier Merkmale zu benennen, durch die sich die Stimuli voneinander unterscheiden. Die Stimuli konnten über die in Abb. 5.16 (Anhang 5.6) dargestellte Benutzeroberfläche abgespielt und die Antworten in Textfelder eingegeben werden. Die vier Textfelder zur Eingabe der Merkmale waren nummeriert: Unterscheidungsmerkmale, die die Probanden als wichtig erachteten, sollten zuerst genannt werden. Weniger wichtige Merkmale sollten in die Felder mit höheren Ordnungsnummern eingeordnet werden.

Die Probanden konnten die Stimuli jeweils beliebig häufig anhören. Für die Audiowiedergabe wurde dasselbe System wie in Versuch 3 verwendet (vgl. Abschn. 3.2.3). An dem Versuch nahmen 11 Probanden im Alter zwischen 18 und 54 Jahren (Median: 32 Jahre) teil, davon 6 männlich und 5 weiblich. 7 Probanden

Tab. 3.4 Attribute für Stimuluspaar „*5o*“–„*14o*“ (Dimension 1)

	Pos. 1	Pos. 2	Pos. 3	Pos. 4	Summe
Hall/Hallzeit	8	1			9
Raumgröße/Größe	2	2	1		5
Künstlichkeit/Natürlichkeit		2	1		3
Trockenheit			1		1
Echo	1		1		2
Klangfarbe		1	1		2
Diffusität		1			1
Summe	11	7	5	0	23

Die Spalten geben die Häufigkeiten an, mit denen die Begriffe an erster, zweiter, dritter oder vierter Stelle genannt wurden. Die letzte Spalte gibt die Summe (Gesamthäufigkeit) wieder

hatten bereits Erfahrung als Hörversuchsteilnehmer (nämlich als Teilnehmer von Versuch 2 oder 3). 8 Probanden waren Tonmeister oder hatten tontechnische Erfahrung, die übrigen waren Musiker. Der Versuch dauerte durchschnittlich 5 min (Minimum: 3 min, Maximum: 10 min).

3.5.2 Ergebnisse

Für das erste Stimuluspaar, das sich vor allem in Dimension 1 unterscheidet, benannten die Probanden folgende Unterscheidungsmerkmale. Tabelle 3.4 gibt die Häufigkeiten der Nennung wieder, jeweils getrennt nach der Position (1.–4. Texteingabefeld) sowie die jeweilige Gesamthäufigkeit.

Für Dimension 1 liegt das Unterscheidungsmerkmal „*Hall/Hallzeit*“ sowohl bezüglich der Häufigkeiten in Textfeld 1 wie auch bezüglich der Gesamthäufigkeiten an erster Stelle. Erst an zweiter Stelle wird die „*Raumgröße*“ genannt. Die weiteren Merkmale weisen nur geringe Häufigkeiten auf und/oder werden nicht an erster Stelle genannt.

Für das zweite Stimuluspaar, das sich vor allem in Dimension 2 unterscheidet, benannten die Probanden folgende Unterscheidungsmerkmale. Tabelle 3.5 gibt die Häufigkeiten der Nennung wieder, auch hier jeweils getrennt nach der Position (1.–4. Texteingabefeld) sowie die jeweilige Gesamthäufigkeit.

Für Dimension 2 liegt das Unterscheidungsmerkmal „*Distanz*“ an erster Stelle. Klangfarbliche Unterschiede, die man aufgrund der Überlagerung beider Räume vermuten könnte, stehen jedoch offenbar nicht im Vordergrund. Zwar hatten in Versuch 2 einzelne Probanden die klanglichen Eigenschaften der Reproduktion im Wiedergaberaum als „tunnel-ähnlich“ charakterisiert – was vermuten lässt, dass Klangfarbenunterschiede durchaus hörbar ist. Dennoch wird das Merkmal Klangfarbe offenbar nicht als das relevanteste erachtet und nur von einem Versuchsteilnehmer genannt. Insgesamt ist festzustellen, dass die Probanden bei den Stimuli für Dimension 2 mehr Unterscheidungsmerkmale nennen.

Tab. 3.5 Attribute für Stimuluspaar „*2o*"–„*6r*" (Dimension 2)

	Pos. 1	Pos. 2	Pos. 3	Pos. 4	Summe
Distanz	6	3	1		10
Raumgröße/Größe	2	1			3
Raum/Räumlichkeit	1	1			2
Hall/(Nach-)Hallzeit	1	2	1		4
Größe der Stimme/Präsenz	1		1		2
Halldichte/Diffusität		1		1	2
Klangfarbe		1	1		2
Echo		1			1
Deutlichkeit			1		1
Lautstärke		1			1
Summe	11	11	5	1	28

Die Spalten geben die Häufigkeiten an, mit denen die Begriffe an erster, zweiter, dritter oder vierter Stelle genannt wurden. Die letzte Spalte gibt die Summe (Gesamthäufigkeit) wieder

3.5.3 Diskussion

Insgesamt lassen die Ergebnisse keine eindeutige Benennung der Dimensionen zu, jedoch können wir feststellen, dass die wahrgenommene Dauer des Nachhalls[11] die Dimension 1 maßgeblich beeinflusst und dass für Dimension 2 in erster Linie die Distanz der Schallquelle entscheidend ist. Aufgrund der Häufigkeiten der anderen Merkmale, kann angenommen werden, dass zumindest die wahrgenommene Raumgröße ebenfalls beide Dimensionen beeinflusst.

Der Einfluss der wahrgenommenen Raumgröße ist insofern interessant, als dass er die Annahmen von Pellegrini (2001b) über das verwendete Raummodell neu beleuchtet. Pellegrini geht davon aus, dass in dem vorliegenden Modell die Parameter „*wahrgenommene Raumgröße*" und „*Distanz*" orthogonal zueinander sind. Für einzelne ausgewählte Stimuli in der damaligen Untersuchung konnte dies tatsächlich gezeigt werden. Eine vollständige Untersuchung der Wahrnehmungsdimensionen mit Hilfe multivariater Methoden wurde von Pellegrini (2001b) jedoch nicht durchgeführt. Zwar bestehen zwischen den Raumsimulationen von Pellegrini (2001b) und dem hier verwendeten Modell einige Unterschiede (beispielsweise wurde in den hier beschriebenen Experimenten auf einen Headtracker verzichtet). Dennoch legen die Ergebnisse nah, dass insbesondere für kurze Nachhallzeiten die wahrgenommene Raumgröße und die Distanz nicht orthogonal zueinander sind – auch für die „originalen" Stimuli nicht (d. h. ohne Einfluss des Wiedergaberaums).

Trotz dieses Ergebnisses hat sich hat sich der Einsatz des Modells für die vorliegende Untersuchung bewährt: Der Plausibilitätsbeurteilungsprozess konnte mit Hilfe von Stimuli untersucht werden, die sich nur durch eine begrenzte Zahl von

[11] An dieser Stelle wird entgegen der von den Probanden gewählten Bezeichnungen nicht der Begriff „Hallzeit", sondern „Halldauer" verwendet, um deutlich zu machen, dass es sich um die subjektiv empfundene Dauer des Nachhalls handelt. Der Begriff „Nachhallzeit" wird in diesem Buch für die instrumentell bestimmte Nachhallzeit T_{60} verwendet.

Dimensionen unterschieden. Dadurch konnte der Prozess eingegrenzt und exemplarisch analysiert werden. Allerdings sind die Wahrnehmungsdimensionen nicht diejenigen, die zunächst vermutet wurden.

Zusammenfassend lässt sich feststellen, dass aufgrund der hier vorliegenden Daten zwar eine eindeutige Benennung jeweils eines einzelnen Merkmals pro Dimension nicht möglich ist, jedoch liefern die Ergebnisse Aussagen, welche Merkmale vor allem die Wahrnehmungsdimensionen beeinflussen, nämlich die Halldauer (Dimension 1) und die Distanz (Dimension 2). Darüber hinaus spielt auf beiden Dimensionen die wahrgenommene Raumgröße eine Rolle. Die übrigen Merkmale sind vermutlich nur von untergeordneter Bedeutung.

Kapitel 4
Schlussfolgerungen und Diskussion: Messung, Realität und Wirklichkeit

Die theoretischen Darstellungen in den Kap. 1 und 2 sowie die experimentellen Betrachtungen in Kap. 3 haben ausgewählte *top-down*-Prozesse zum Begriff der Plausibilität beleuchtet. Innerhalb der vielschichtigen Problemstellung, Plausibilität messtechnisch zu beschreiben, wurden drei Aspekte ins Zentrum gerückt und einer genaueren Analyse unterzogen: Zunächst wurde die formale Beschreibung von Plausibilität als Messgröße erörtert und dabei insbesondere die Urteilsreferenz und die entsprechenden strukturierenden Wahrnehmungsprozesses berücksichtigt. In einem zweiten Schritt wurden Messungen von Plausibilitätsbeurteilungsprozessen durchgeführt. Hierzu wurden drei Experimente anhand von exemplarischen Anwendungsszenarien dargestellt. Drittens wurden darauf aufbauenden Schlussfolgerungen zum Wirklichkeitsverständnis gezogen – als Erweiterung des Begriffs der Referenz sowie hinsichtlich einer Beeinflussung dieser Referenz durch mediale Rezeption.

Zentrales Element der Untersuchung von Plausibilität in dieser Darstellung ist der Begriff der „Klasse" als abstraktes Objekt der Reflexion und Referenz des Urteils. In den experimentellen Betrachtungen konnte das Plausibilitätsurteil mit Bezug auf die Abbildung von Klassen als eine spezielle Form des Ähnlichkeitsurteils dargestellt werden. Dieses Ähnlichkeitsurteil ergibt sich aus dem Vergleich zwischen einem konkreten Wahrnehmungsobjekt und einer abstrakten Klasse, welche sich aus Objekten der Vorerfahrung und deren inferenten Beziehungen zusammensetzt. Auf dieser Basis können wir nun zunächst die Definition von Plausibilität und der mit ihr verbundenen „inneren Referenz" genauer fassen:

Definition: Plausibilität ist das Ergebnis eines perzeptiven Prozesses, der ermittelt, in welchem Maße ein Wahrnehmungsobjekt mit einer aus individuellen Vorerfahrungen resultierenden, inneren Referenz übereinstimmt. Die Referenz des Plausibilitätsurteils ist das Ergebnis aller denkbaren Wahrnehmungsereignisse innerhalb eines jeweiligen Systems von relationaler und klassifizierender Inferenz.

Um Eigenschaften von Plausibilitätsurteilen zu untersuchen, wurden in Kap. 2 und 3 verschiedene Aspekte des Prozesses betrachtet, der zum Urteil und im Vorfeld zur Referenz führt. Die Grundlage für diese Darstellung bilden Ergebnisse anderer Au-

C. Kuhn-Rahloff, *Realitätstreue, Natürlichkeit, Plausibilität*,
DOI 10.1007/978-3-642-22072-2_4, © Springer-Verlag Berlin Heidelberg 2012

toren zu strukturierenden Wahrnehmungsprozessen, nämlich zur Assimilation und Akkommodation, zur Klassifikation und zu inferenten Beziehungen von Klassen. Der Wahrnehmungsprozess wirkt dabei gleichzeitig beurteilend wie auch klassenentwickelnd. Insbesondere aufgrund der konnotativen Bedeutungsebenen sowie der individuellen Klassensysteme, die experimentell in Abschn. 3.3 und 3.4 untersucht wurden, lässt sich feststellen, dass eine unmittelbare Vergleichbarkeit von Klassen nicht zwingend gegeben ist. Wie die Versuche zeigen, lassen sich jedoch Aussagen zum Urteilsprozess trotz individueller und u. U. zeitvarianter Klassensysteme treffen, sofern neben den absoluten Plausibilitätsurteilen weitere Parameter in der Messung erhoben werden. Die drei geschilderten Versuche nennen hierfür am Beispiel von Anwendungsszenarien mehrere Möglichkeiten:

- Die zeitliche Entwicklung der Urteile über Plausibilität: Im dargestellten Experiment (Abschn. 3.2) zeigt sich, dass zwar die absoluten Urteile u. U. durch Priming starken Schwankungen unterworfen sind, dass aber die Urteilsentwicklung interindividuell vergleichbar ist.
- Die Messung des Einflusses von Wiedergabesituationen auf Plausibilität nicht allein mit Hilfe der absoluten Urteile, sondern auch durch Änderungen der Streuung von Urteilen. Dies ist insbesondere in kontextoffenen Szenarien relevant, wenn die Darbietung von unbekannten Stimuli untersucht werden soll: Das absolute Urteil genügt hier zur Beschreibung des Urteilsverhalten u. U. nicht, wie Versuch 2 zeigt (Abschn. 3.3). Durch Untersuchung des Streuungsverhaltens bietet sich die Möglichkeit, den Urteilsprozess auch dann sinnvoll messen zu können, wenn Probanden nicht auf die zu untersuchenden Stimuli umfassend trainiert wurden – so wie es außerhalb von Laborbedingungen auch der Fall sein kann.
- Die Darstellung der Referenzen von Plausibilitätsurteilen als Klassenzentroide in einem Ähnlichkeitsraum: Dies ermöglicht Aussagen über die Relevanz der dem Urteil zugrundeliegenden Wahrnehmungsdimensionen (Faktoren) sowie eine Analyse der maßgeblichen Metrik.

Hier ist hervorzuheben, dass es sich also bei den beiden ersten untersuchten Eigenschaften des Urteilsverhaltens (zeitliche Entwicklung, Streuung) nicht etwa um Störvariablen handelt, die die Messung verfälschen. Vielmehr handelt es sich um immanente Merkmale des Wahrnehmungs- und Akkommodationsprozesses, der eine Voraussetzung ist, um überhaupt von Plausibilität sprechen zu können. In diesem Sinne bestätigen die Experimente die theoretischen Ausführungen von Kap. 2. Die Veränderungen des Urteilsverhaltens sind notwendiger Bestandteil des Urteilsprozesses und können daher in der Praxis beispielsweise für das Verhalten von Kunden und für die Beurteilung von Produkten von Bedeutung sein.

So zeigt z. B. Versuch 1 (Abschn. 3.2), dass das Plausibilitätsurteil über eine gegebene Wiedergabesituation trotz des alltäglichen Umgangs mit bestimmten Medien keineswegs gefestigt ist. Der *mediale* Kontext, in dem Plausibilität bewertet wird, ist für das Urteil relevant und beeinflusst kurzfristig das Urteilsverhalten. Er sollte daher ggf. in die Messung einbezogen werden.

Versuch 2 (Abschn. 3.3) macht deutlich, dass bei der Bewertung unbekannter Stimuli eine Analyse der Ergebnisse allein mit Hilfe der absoluten Plausibilitätsurteile u. U. nicht ausreichend ist, da die Referenz der Messung eine eindeutige Beurteilung nicht zulässt. Um den Einfluss auf das Plausibilitätsurteil zu erheben, ist es daher bei solchen Stimuli sinnvoll, zusätzlich die Streuung der Urteile zu berücksichtigen.

Bezüglich der dem Plausibilitätsurteil zugrundeliegenden Metrik (Versuch 3, Abschn. 3.4) lässt sich festhalten, dass gerade bei komplexen Referenzen ein spezifisch-akzentuierendes Urteilsverhalten erwartet werden darf. Vergleichbare Ergebnisse zu Ähnlichkeitsurteilen im Bereich der visuellen Wahrnehmung wurden von Wender (1969) veröffentlicht. Dieses Verhalten entspricht der Eigenschaft strukturierender Wahrnehmungsprozesse, dass Merkmale insbesondere dann hervortreten, wenn die Erwartungshaltung des Urteilenden nicht erfüllt wird (Jekosch 2005a). Für die Optimierung von Systemen ist dies insofern interessant, als dass zur Beurteilung der Plausibilität jeweils eine einzelne Wahrnehmungsdimension in den Vordergrund rückt. Mit diesem Wissen lässt sich die Optimierung u. U. auf ein einzelnes Merkmal (und damit auf entsprechende technische Systemeigenschaften) effizient beschränken.

Natürlich ist es anstelle solch erweiterter Messungen möglich, Plausibilität als absoluten Messwert innerhalb eines bestimmten Anwendungskontexts und für eine bestimmte Zielgruppe von Benutzern zu erheben – beispielsweise für eine Virtuelle Umgebung. Insbesondere für die in Abschn. 1.2 definierten *Transportation*-Systeme ist dies möglich, da hier die Messung einer Virtuellen Umgebung auf eine reale (außerhalb der Wahrnehmung existierende) Umgebung bezogen werden kann. Eine solche Messung war jedoch nicht das Ziel der Untersuchung, da sich hier viel grundlegendere Fragen stellen: Zum einen, wie solche Ergebnisse interpretiert werden können, wenn *top-down*-Prozesse berücksichtigt werden. Zum anderen, welche Aussagen über Plausibilität getroffen werden können, wenn kein externes Objekt als Vergleich hinzugezogen werden kann (z. B. bei *Simulation*-Systemen). Die Versuche 1 und 2 (Abschn. 3.2 und 3.3) unterstreichen diese Problematik. Die beobachteten Einflüsse auf die Streuungen und auf das Urteilsverhalten durch Priming, die in der psychoakustischen Forschung gelegentlich als Störvariable betrachtet werden, sind hier offensichtlich auf einen Wahrnehmungsprozess zurückzuführen, der im Alltag in ähnlicher Form auftreten kann. Beispielsweise würde eine Nivellierung des Primings durch „Training" der Probanden zwar oberflächlich die Vergleichbarkeit der Ergebnisse steigern, jedoch eine Berücksichtigung des Urteilsprozesses verschließen.

An dieser Stelle muss festgestellt werden, dass typische Taxonomien, die Zusammenhänge von Qualitätsmerkmalen abbilden, heute in der Regel nicht auf einen Akkommodationsprozess des Benutzers ausgelegt sind. Das ferne Ziel, Plausibilität als Wahrnehmungsgröße in solchen Taxonomien auch über eng spezifizierte Anwendungsfälle hinaus darstellen zu können, um anschließend über den Zusammenhang von Qualitätsmerkmalen und Qualitätselementen den technischen Prozess der Produktentwicklung effizienter zu gestalten, bedarf weiterer Schritte, die in der derzeitigen psychoakustischen Forschung kaum abgedeckt werden. In diesem Zusammenhang sind insbesondere Erkenntnisse über das Erlernen und Vergessen von Merkmalsausprägungen zu nennen. Wenn wir die „Klasse“ als Referenz des Urteils auffassen, beeinflusst das zeitliche Verhalten der Beziehungen zwischen den Wahrnehmungsobjekten, die die Klasse definieren, in erheblichem Maß das Urteil des Hörers und im weiteren Sinne das individuelle Wirklichkeitsverständnis. Nur Merkmale, an die wir uns (langfristig) erinnern, können auch zur Plausibilitätsbeurteilung herangezogen werden. Zwar existieren beispielsweise einzelne Ergebnisse zur Erinnerungsfähigkeit bezüglich Sprache (de Gelder et al. 1999; Chiu und Schacter 1995). Insbesondere für kognitive Prozesse der räumlichen Wahrnehmung, die im Kontext plausibler Tonwiedergabe interessant sind, wurden jedoch nach dem Kenntnisstand des Autors bisher keine Ergebnisse veröffentlicht.

Wenngleich bis zu solch weit entwickelten Taxonomien noch ein langer Weg zurückzulegen ist, lassen die Ergebnisse doch erkennen, dass zusätzliche Aussagen über ein so individuelles und zeitvariantes Urteil wie Plausibilität auch jenseits eines eng begrenzten Kontexts möglich sind, wenn eine prozessorientierte Betrachtung durchgeführt wird. In diesem Sinne mögen die vorliegenden Untersuchungen ein Anstoß sein, die Aussagen perzeptiver Messungen neu zu beleuchten: Wenn wir individuelle oder zeitvariante Eigenschaften im Urteilsverhalten finden, stellt sich experimentell eigentlich nicht die Frage, wie wir diese vermeiden, sondern wie wir sie zu interpretieren haben. Allgemeingültig ist dies im Zusammenhang der speziellen Messgröße „Plausibilität“ kaum zu beantworten. Jedoch zeigen die experimentellen Durchführungen und die Diskussion, dass auch bei individuellen und veränderlichen Referenzen durchaus sinnvolle Messungen möglich sind.

Mit dieser Ausrichtung auf grundsätzliche messtechnische Fragen zum Urteilsprozess bewegt sich die vorliegende Darstellung zwingend im Spannungsfeld des individualisierten Wirklichkeitsbegriffs und der messtechnischen Objektivität. Die besondere Herausforderung besteht darin, dass sowohl das zu beurteilende Wahrnehmungsobjekt als auch die Referenz des Urteils nur über ein und denselben Messprozess untersucht werden können – nämlich über Darbietung von Stimuli, die durch den Wahrnehmenden zu bewerten sind. Innerhalb der triadischen Beziehung zwischen Wahrnehmungsobjekt, Urteil und Referenz können jeweils zwei der drei Objekte gemeinsam zur Beschreibung (Messung) des dritten herangezogen werden. Dem Beobachter steht es dabei zunächst frei, das Untersuchungsobjekt zu wählen. Jedoch können nicht zwei der drei Objekte gleichzeitig gemessen werden. Da die Simulation eines denkbaren (d. h. plausiblen) Szenarios mangels nicht-medialer Referenz nur innerhalb eines das Medium umfassenden Wirklichkeitsverständnisses evaluiert werden kann, ist das Plausibilitätsurteil für den äußeren Betrachter weniger durch das absolute Urteil als durch den Verlauf des Beurteilungsprozesses objektiv darstellbar.

An dieser Stelle sei nochmals daran erinnert, dass die Abbildung von Klassen als Referenz der Messung nur innerhalb des durch die gewählten Stimuli abgedeckten Ähnlichkeitsraums gültig ist. Die Klassenzentroide, die in Versuch 3 (Abschn. 3.4) aus der Stichprobe ermittelt wurden, repräsentieren nur die Erwartungshaltung für die jeweiligen Stimuli, liefern aber kein vollständiges Bild des Klassensystems. Als außenstehender Beobachter ergeben sich also messtechnische Aussagen über individuelle Klassensysteme nur mittelbar. Die Referenz zur Darstellung des Urteilsverhaltens ergibt sich für den *außenstehenden* Betrachter durch das Verhältnis verschiedener Urteile zueinander. Dies zeigt sich beispielsweise auch in der Entwicklung des Urteilsverhaltens in Experiment 1 (Abschn. 3.2).

Dies ist auch der Grund, warum die *Veränderung* der Klassenstrukturen auf individueller Ebene nicht ohne weiteres mit Hilfe einer MDS quantifiziert werden kann: Die Gesamtheit der Ähnlichkeitsurteile repräsentiert je nach Sichtweise die Referenz (Klassenzentroid) oder das Plausibilitätsurteil. Auf individueller Ebene ist folglich die Abbildung *beider* Eigenschaften durch dieselbe Messung nicht möglich. Hierfür wäre es notwendig, den Begriff der jeweiligen Klasse so weit zu abstrahieren, dass Klassensysteme unterschiedlicher Beobachter miteinander verglichen werden können. Das Ziel eines solchen Ansatzes ist vergleichbar mit der Erarbeitung von semantischen Differenzialen in verbalen Erhebungsmethoden, bei denen aus einem Panel von Probanden einheitliche Bedeutungen von Bewertungsskalen entwickelt werden. Zwar ließen sich mit einem ähnlichen Verfahren die Klasseneigenschaften u. U. interindividuell beschreiben und so die Urteile konsistenter erfassen. Eine solche Erhebungsmethode für interindividuell gültige Klassen wäre allerdings noch zu entwickeln und hinsichtlich ihrer Objektivität zu prüfen. Hier eröffnet sich ein weiteres Forschungsfeld, das die Frage nach dem sinnvollen Abstraktionsgrad gemeinsamer Referenzen aufwirft, um diesen Referenzen eine Vergleichbarkeit zu geben. Diese Frage betrachtet Plausibilitätsurteile dann allenfalls noch als einen Spezialfall von zeitvarianten Strukturierungs- und Urteilsprozessen.

Schließlich wird die Bedeutung der Klasse für den Urteilsprozess deutlich, wenn wir die Wahrnehmung als einen Prozess der Kontrasterkennung auffassen: Wahrnehmung und Qualitätsbewertung durch Kontrastierung kommt für den betrachteten Urteilsprozess nämlich im doppelten Sinne in der Klasse zum Ausdruck: Sie ist als Klassifikation zum einen das Ergebnis des Wahrnehmungsprozesses und zum anderen als abstrakte Klasse der Hintergrund, der das Urteil bestimmt. Hierin liegt gleichermaßen eine messtechnische Hürde wie auch ein Ansatzpunkt, den Wahrnehmungsprozess zu beobachten: Im Sinn eines strukturierenden Wahrnehmungsprozesses ist das Wahrgenommene deswegen als solches zu erkennen, weil die Menge der verfügbaren Reize durch die Wahrnehmung und die mit ihr verbundenen Schemata sozusagen „gefiltert" wird. Wir können Abbilder von Klassen nur durch Beobachtung dieses Prozess des „Filterns" schaffen. Das hier diskutierte messtechnische Problem ist also im Grunde ein erkenntnistheoretisches: Zwar können wir das Urteil wie auch die Klasse nur mit Hilfe ein und desselben Messprozesses beobachten, jedoch ermöglicht die Umkehrung der Beobachtungsperspektive wahlweise eine Aussage über eine der beiden Seiten des Prozesses. Entweder betrachten wir den Prozess behavioral, um das Urteil abzubilden, oder wir betrachten den Prozess konstruktivistisch, um Aussagen über die Klassen zu treffen. Entscheidend für die Aussagekraft und Objektivität der Messung ist folglich eine klare Differenzierung dieser beiden Perspektiven des äußeren Beobachters innerhalb des Prozesses der Datenerhebung und -auswertung.

Das Problem der Messung von Plausibilität über einen eng begrenzten Kontext hinaus besteht also weniger darin – wie man zunächst glauben könnte – aus Sicht des Wahrnehmenden die mediale Wirklichkeit gegenüber einer Vorstellung von nicht-medialer Wirklichkeit abzugrenzen. Die Betrachtungen und Versuche von Kap. 2 und 3 haben gezeigt, dass diese Differenzierung medialer und nicht-medialer Objekte in Bezug auf das Wirklichkeitsbild ohnehin sinnlos ist: Die Hörer unterscheiden bei der Entwicklung der „inneren Referenz" nicht zwingend zwischen medialer und nicht-medialer Vorerfahrung. Vielmehr besteht das Problem darin, den Wirklichkeitsbegriff aus Sicht des *Beobachters* (des Versuchsleiters) eindeutig zu differenzieren und diese Sichtweisen zueinander in Beziehung zu setzen. Im Gegensatz zum Begriff „*real*", der im naturwissenschaftlichen Erkenntnisprozess das Objekt der Messung als absolutes Maß der Qualität des Modells benennt, ist der Begriff „*wirklich*" ein dualistischer Begriff, für dessen Beschreibung der Messwert und die „konstruierte" Referenz gleichermaßen von Bedeutung sind.

Aus Sicht des Wahrnehmenden ist damit umgekehrt auch klar, dass das Plausibilitätsurteil allein nicht ausreichend ist, um zwischen medialer und nicht-medialer Wirklichkeit zu differenzieren. Auch in einer nicht-medialen Wirklichkeit kann das Plausibilitätsurteil unterschiedlich ausfallen, denn Plausibilität bezeichnet zunächst nur die „Möglichkeit", dass ein Objekt innerhalb einer bestimmten Klasse existieren kann. Versuch 2 (Abschn. 3.3) zeigt, dass es im Einzelfall sogar möglich ist, mediale Objekte plausibler zu bewerten als „nicht-mediale". Die Unterscheidung realer und virtueller Welten ist folglich zur Definition von Referenzen nicht zwingend. Der Begriff „Virtuelle Realität" täuscht darüber hinweg, dass nicht nur mediale Objekte „kraft der Wahrnehmung" vorhanden sind, sondern dass auch die Realität im nicht-medialen Sinn kraft der Wahrnehmung konstruiert wird (von Glasersfeld 2008). In der Tat kann eine virtuelle Wirklichkeit unser Wirklichkeitsverständnis, unsere Klassifikation und damit auch unser Urteil verändern, wie Welsch (1998) darstellt. Wir müssen folglich die Wahrnehmung zwischen verschiedenen *Wirklichkeiten* messtechnisch differenzieren, unabhängig davon, ob diese medial oder nicht-medial zustande gekommen sind. Walter Benjamin schreibt dazu in Bezug auf den Film als Medium und Teil der Wirklichkeit:

> Im Filmatelier ist die Apparatur derart tief in die Wirklichkeit eingedrungen, daß deren reiner, vom Fremdkörper der Apparatur freier Aspekt das Ergebnis einer besonderen Prozedur, nämlich der Aufnahme durch den eigens eingestellten photographischen Apparat und ihrer Montierung mit anderen Aufnahmen von der gleichen Art ist. Der apparatfreie Aspekt der Realität ist hier zu ihrem künstlichsten geworden und der Anblick der unmittelbaren Wirklichkeit zur blauen Blume im Land der Technik. (Benjamin 1963, S. 18)

Realität und Künstlichkeit stellen in dieser Perspektive keinen Widerspruch dar, sondern bezeichnen nur eine Klasse und ihre (untergeordnete) Teilklasse. Allerdings sollte hier nach dem bisherigen Sprachgebrauch innerhalb dieses Buchs eher von (wahrgenommener) Wirklichkeit als von Realität gesprochen werden. Die Ergebnisse zeigen, dass mediale und nicht-mediale Einflüsse im Wirklichkeitsbild der Vorerfahrung nicht eindeutig voneinander abgegrenzt sind. Künstlichkeit ist daher nur eine Teilklasse eines umfassenden Wirklichkeitsbildes. Die Wirklichkeit als Erfahrungswelt ist sowohl im Urteil wie auch in der Klasse Gegenstand der Untersuchung – folglich können beide nur innerhalb dieser Wirklichkeit selbst untersucht werden.

In diesem Sinne eröffnen die hier dargestellten Betrachtungen in zwei Richtungen Anknüpfungspunkte für zukünftige Forschungsfragen: Zum einen bezüglich der Beschreibung zeitvarianter Urteile und individueller Referenzen auf der Basis von Prozessen des Erlernens und Vergessens von Merkmalsausprägungen. Zum anderen bezüglich erkenntnistheoretischer Betrachtungen hinsichtlich des Messprozesses selbst, in dem wir letztendlich mehr als nur eine Aussage über die Referenz oder das Urteil sondern über das Abbild einer subjektiven Wirklichkeit erfahren wollen. Insbesondere die in Kap. 2 dargestellte Notwendigkeit zur Akkommodation, die einerseits zur Änderung von Klassenstrukturen und damit zu Urteilsänderungen führt, die andererseits aber Plausibilitätsurteile überhaupt erst ermöglicht, liefert in diesem Zusammenhang die Basis für einen vielfältigen Diskurs (vgl. von Glasersfeld 2008; Heidegger 2006). Nicht zuletzt seien in diesem Kontext künstlerische Anwendungen der Elektroakustik erwähnt, die den hier untersuchten Begriff der Plausibilität auf der Spannweite von „Authentizität" bis „Künstlichkeit" zum Gegenstand von Kunst als Wahrnehmungsereignis machen (vgl. z. B. Schaeffer 1966).

Mit der Fokussierung auf ausgewählte Eigenschaften des Plausibilitätsbeurteilungsprozesses wurde hier daher ein Weg gewählt, der eindeutig den Charakter der Grundlagen- und nicht der Anwendungsforschung besitzt. Wenn hier prinzipielle Fragen der Formalisierung, Darstellung und Objektivität von Messergebnissen im Vordergrund stehen, zeigt dies einerseits, welche weitreichenden Konsequenzen es in messtechnischer und letztendlich erkenntnistheoretischer Hinsicht hat, wenn wir versuchen, strukturierende Wahrnehmungsprozesse in messtechnische Betrachtungen einzubeziehen. Anderseits wird hieraus deutlich, welcher Weg bis zur einer für den Ingenieur praxistauglichen Darstellung solcher Urteilsprozesse noch zurückzulegen ist. Die Herausforderung liegt dabei darin, sich stets der erkenntnistheoretischen Grenzen der Messung bewusst zu sein, um die Messung sinnvoll durchführen und interpretieren zu können: Die Referenz der Messung ist weder für den Wahrnehmenden noch für den Betrachter als Teil der Realität objektivierbar, sondern ebenso wie das Urteil Gegenstand der untersuchten Wirklichkeit. Wenngleich sich die Betrachtung dieses Buchs mit einem speziellen Prozess befasst – nämlich dem Plausibilitätsurteil – sind viele der hier durchgeführten Überlegungen auch auf andere Qualitätsbeurteilungsprozesse anwendbar. Es ist ein fernes Ziel, individuelle und zeitvariante Urteile umfassend in Modellen zu reflektieren. Die hier durchgeführten Untersuchungen sind ein Schritt in diese Richtung.

Hypothesen sind Gerüste, die man vor dem Gebäude aufführt
und die man abträgt, wenn das Gebäude fertig ist.
Sie sind dem Arbeiter unentbehrlich;
nur muß er das Gerüst nicht für das Gebäude ansehen.

Johann Wolfgang von Goethe
Maximen und Reflexionen

Kapitel 5
Anhang

5.1 Grafische Benutzeroberflächen zu Versuch 1

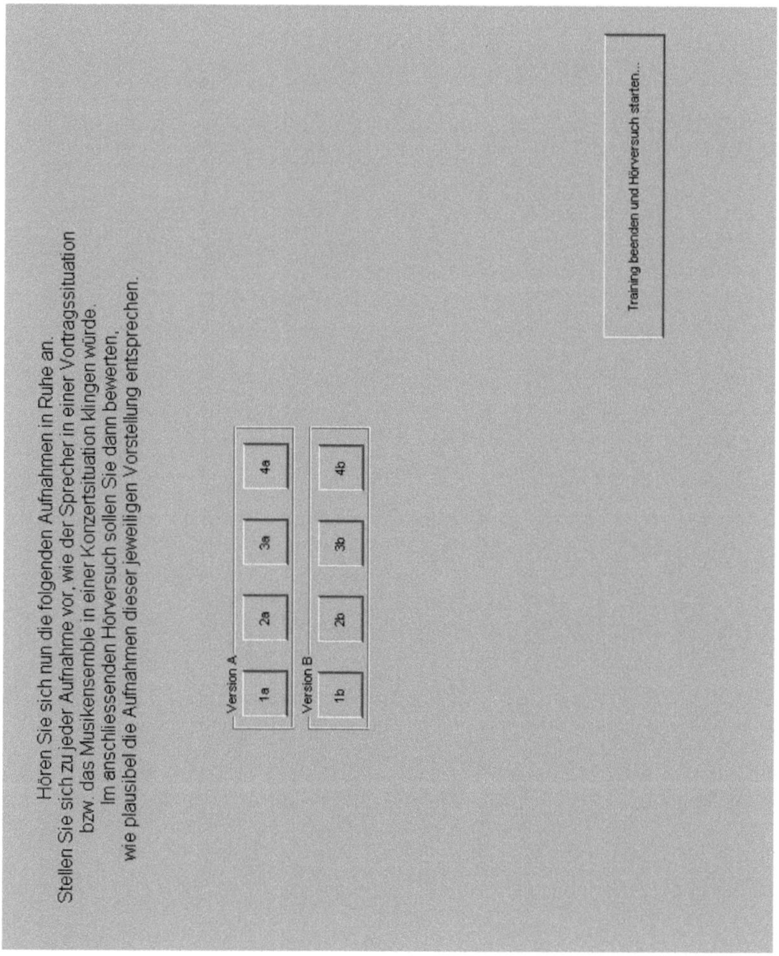

Abb. 5.1 Versuch 1, Benutzeroberfläche mit Übersicht über Stimulusversionen *A* und *B* (Schallplattenqualität)

C. Kuhn-Rahloff, *Realitätstreue, Natürlichkeit, Plausibilität*,
DOI 10.1007/978-3-642-22072-2_5, © Springer-Verlag Berlin Heidelberg 2012

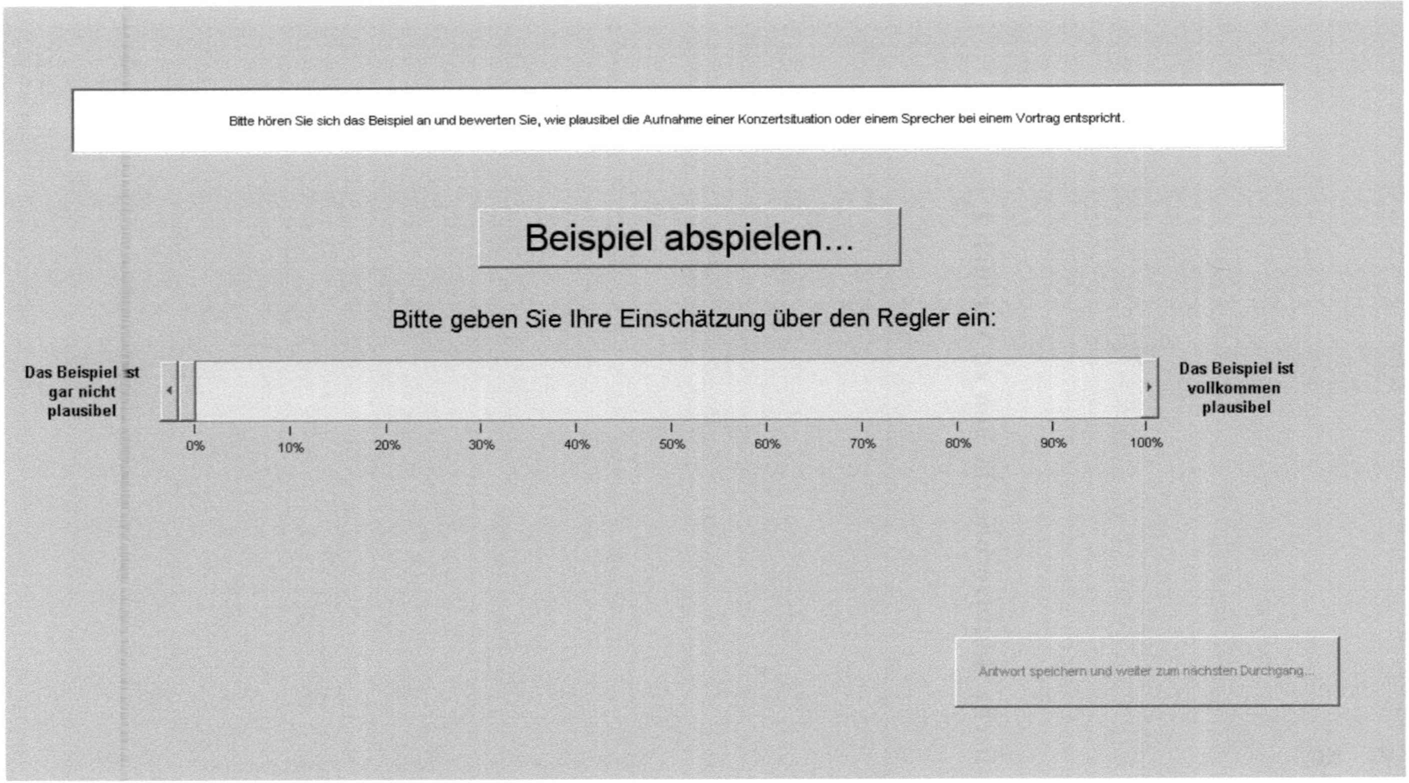

Abb. 5.2 Versuch 1, Benutzeroberfläche zur Plausibilitätsbeurteilung

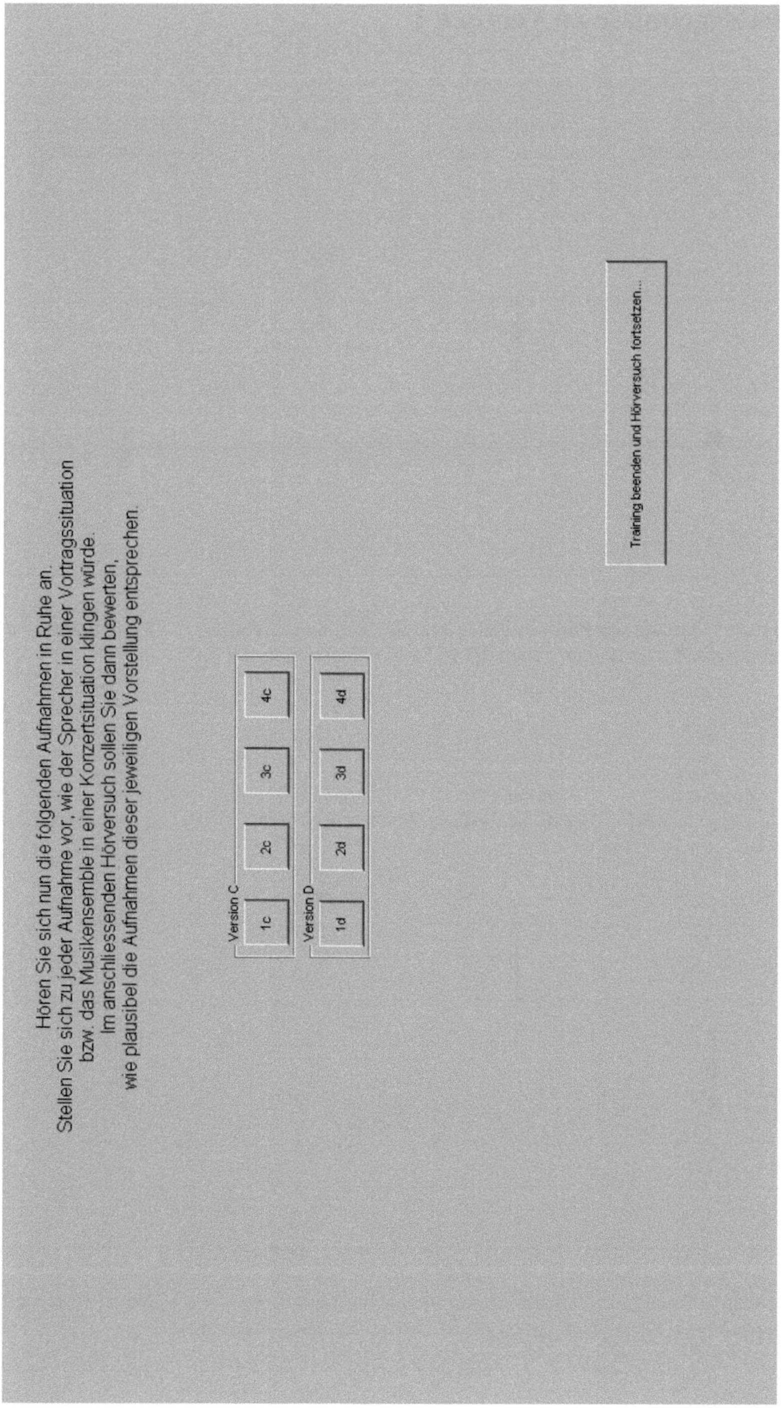

Abb. 5.3 Benutzeroberfläche mit Übersicht über Stimulusversionen *C* und *D* (Schallplatten- und CD-Qualität)

5.2 Einzelergebnisse zu Versuch 1

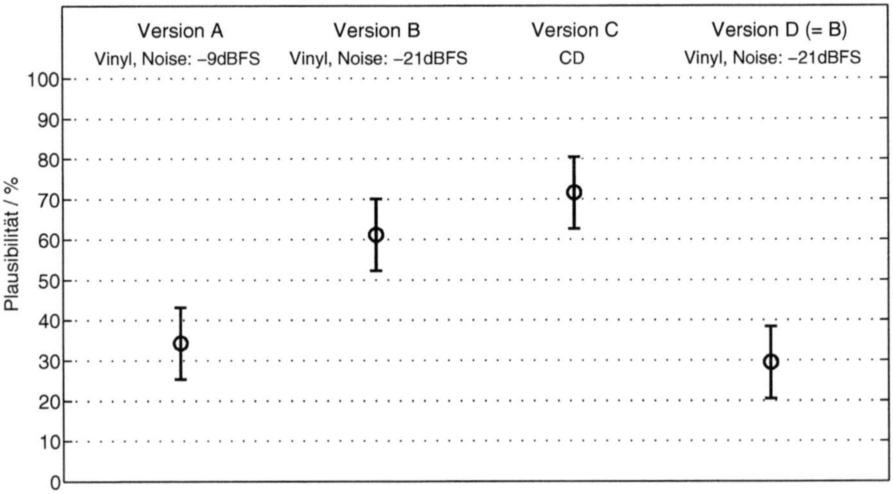

Abb. 5.4 Versuch 1, Verlauf der Plausibilitätsurteile für Stimulus 2, Vers. *A–D*. (Mittelwerte sind mit „O" gekennzeichnet. Die Balken geben die 95 %-Konfidenzintervalle an.)

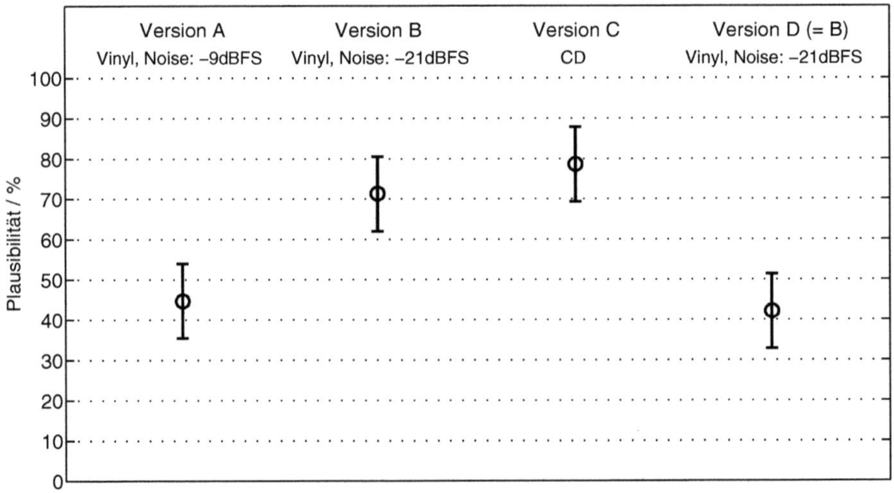

Abb. 5.5 Versuch 1, Verlauf der Plausibilitätsurteile für Stimulus 3, Vers. *A–D*. (Mittelwerte sind mit „O" gekennzeichnet. Die Balken geben die 95 %-Konfidenzintervalle an.)

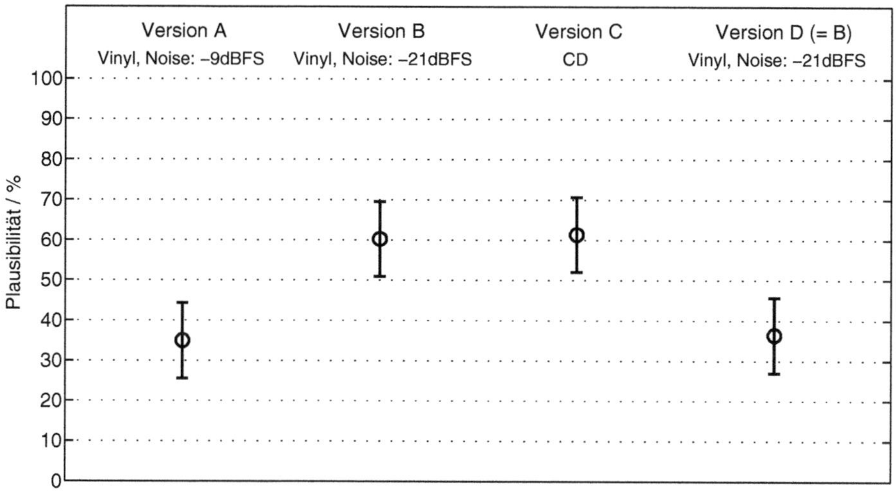

Abb. 5.6 Versuch 1, Verlauf der Plausibilitätsurteile für Stimulus 4, Vers. *A–D*. (Mittelwerte sind mit „O" gekennzeichnet. Die Balken geben die 95 %-Konfidenzintervalle an.)

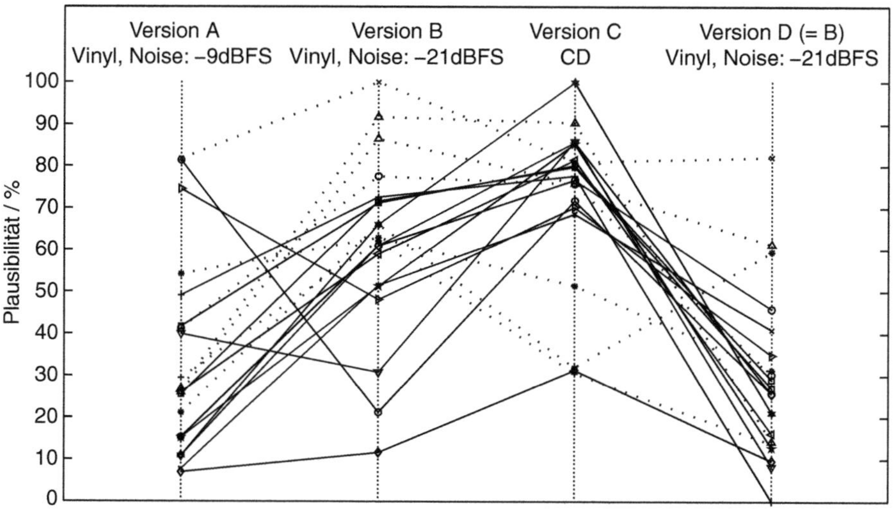

Abb. 5.7 Versuch 1, Urteilsverläufe im Einzelnen für Stimulus 2, Vers. *A–D*. Urteilsverläufe von Probanden, die Version C (CD-Qualität) schlechter beurteilen als Version B, sind hier durch punktierte Linien dargestellt

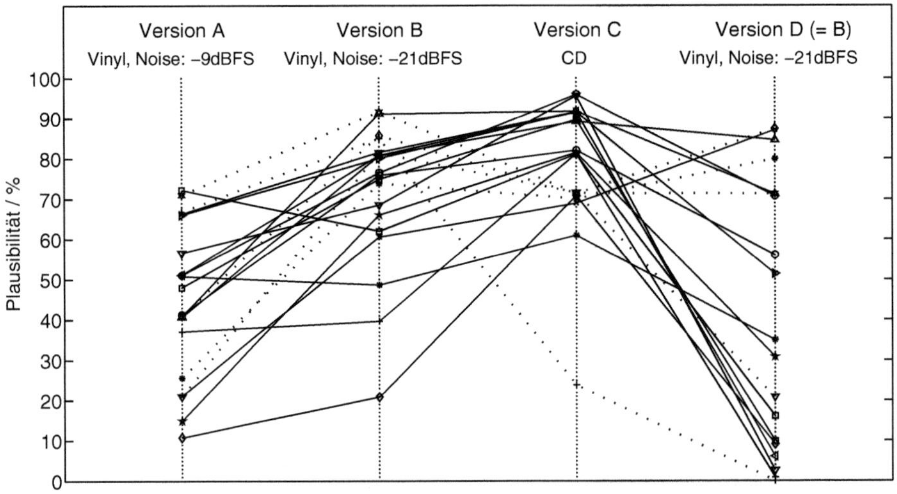

Abb. 5.8 Versuch 1, Urteilsverläufe im Einzelnen für Stimulus 3, Vers. *A–D*. Urteilsverläufe von Probanden, die Version C (CD-Qualität) schlechter beurteilen als Version B, sind hier durch punktierte Linien dargestellt

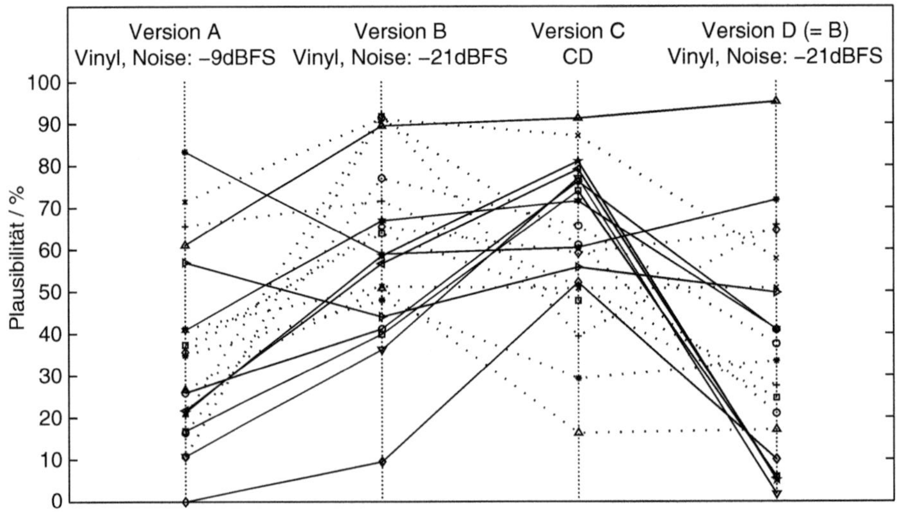

Abb. 5.9 Versuch 1, Urteilsverläufe im Einzelnen für Stimulus 4, Vers. *A–D*. Urteilsverläufe von Probanden, die Version C (CD-Qualität) schlechter beurteilen als Version B, sind hier durch punktierte Linien dargestellt

5.3 Grafische Benutzeroberflächen zu Versuch 2

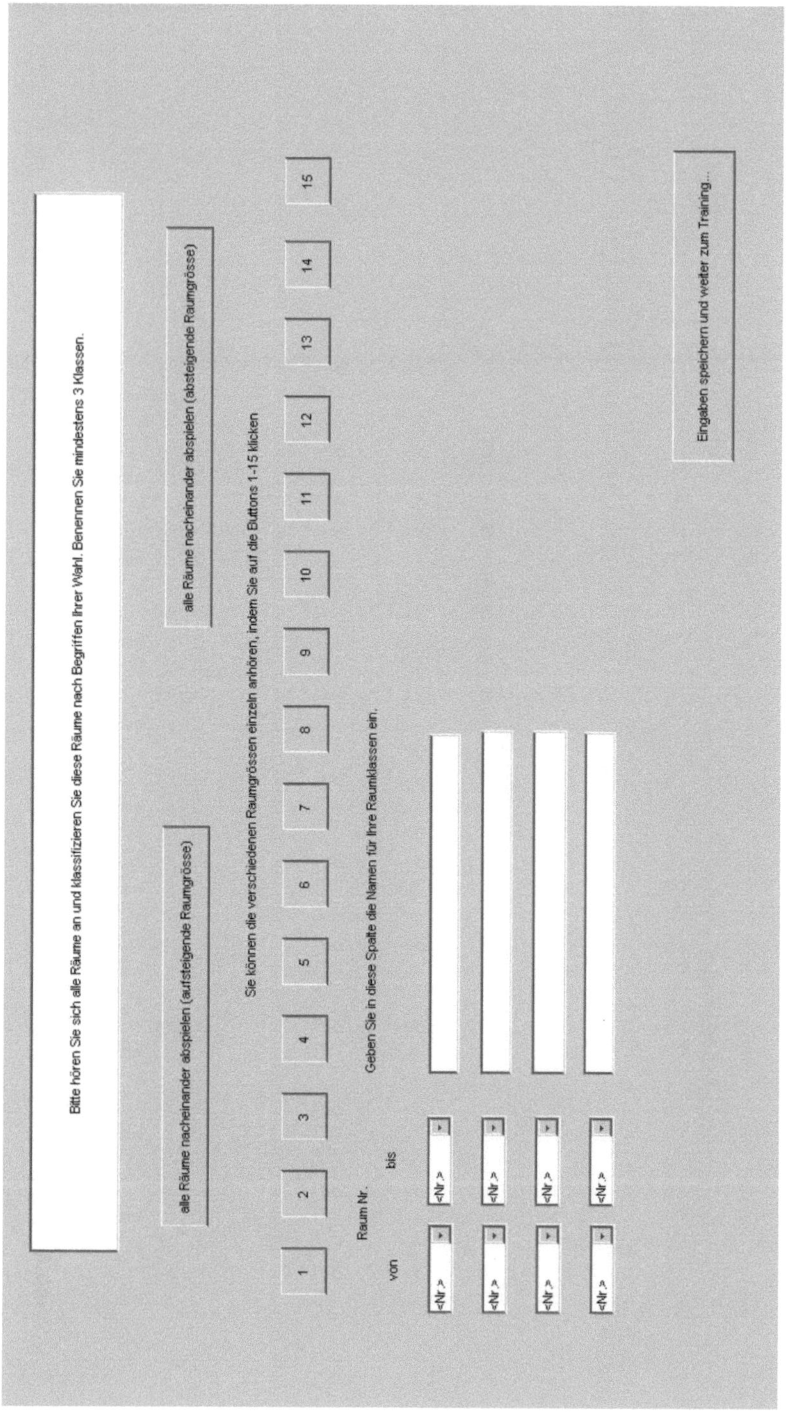

Abb. 5.10 Versuch 2, Benutzeroberfläche zur Klassifikationsaufgabe

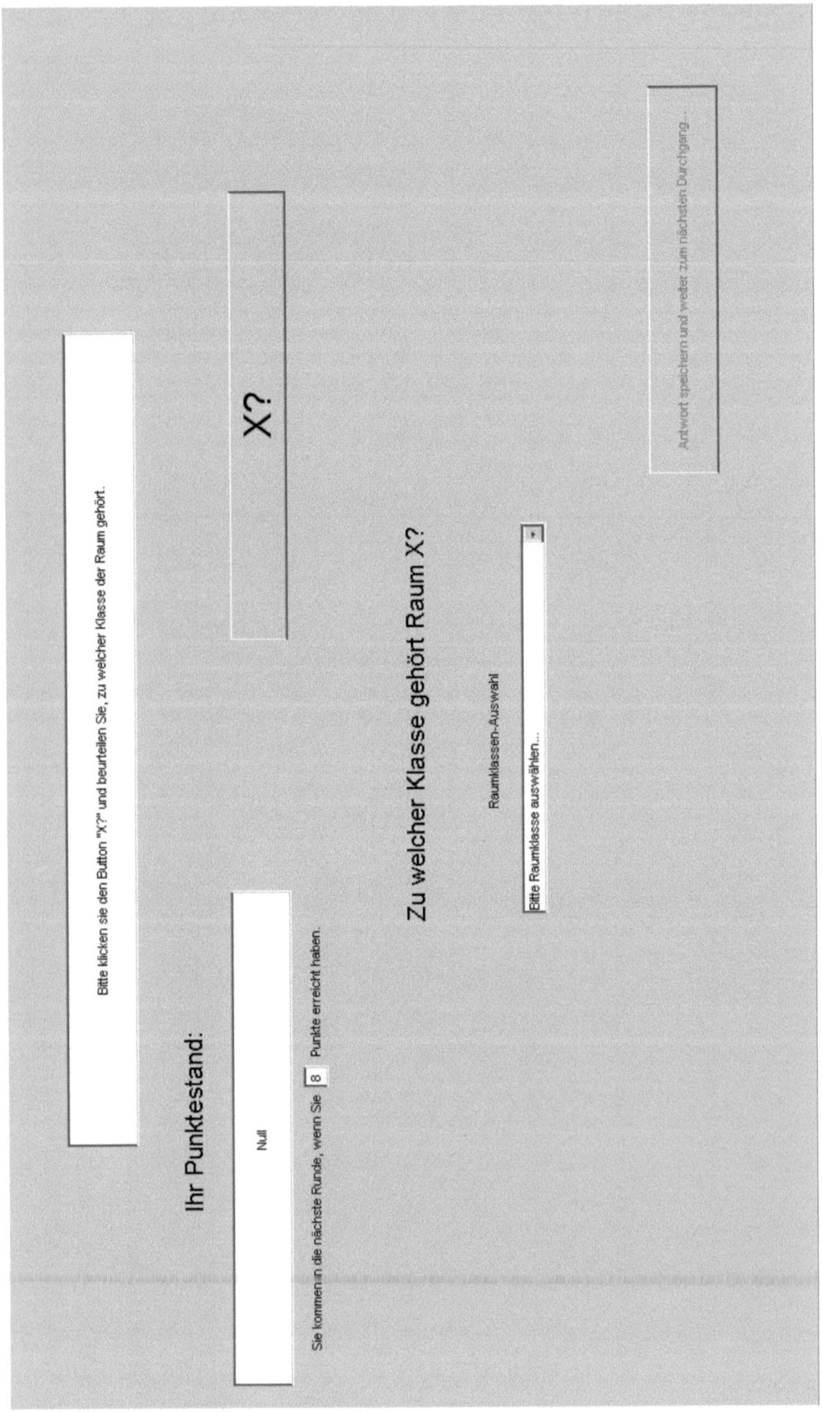

Abb. 5.11 Versuch 2, Benutzeroberfläche zur Trainingssequenz

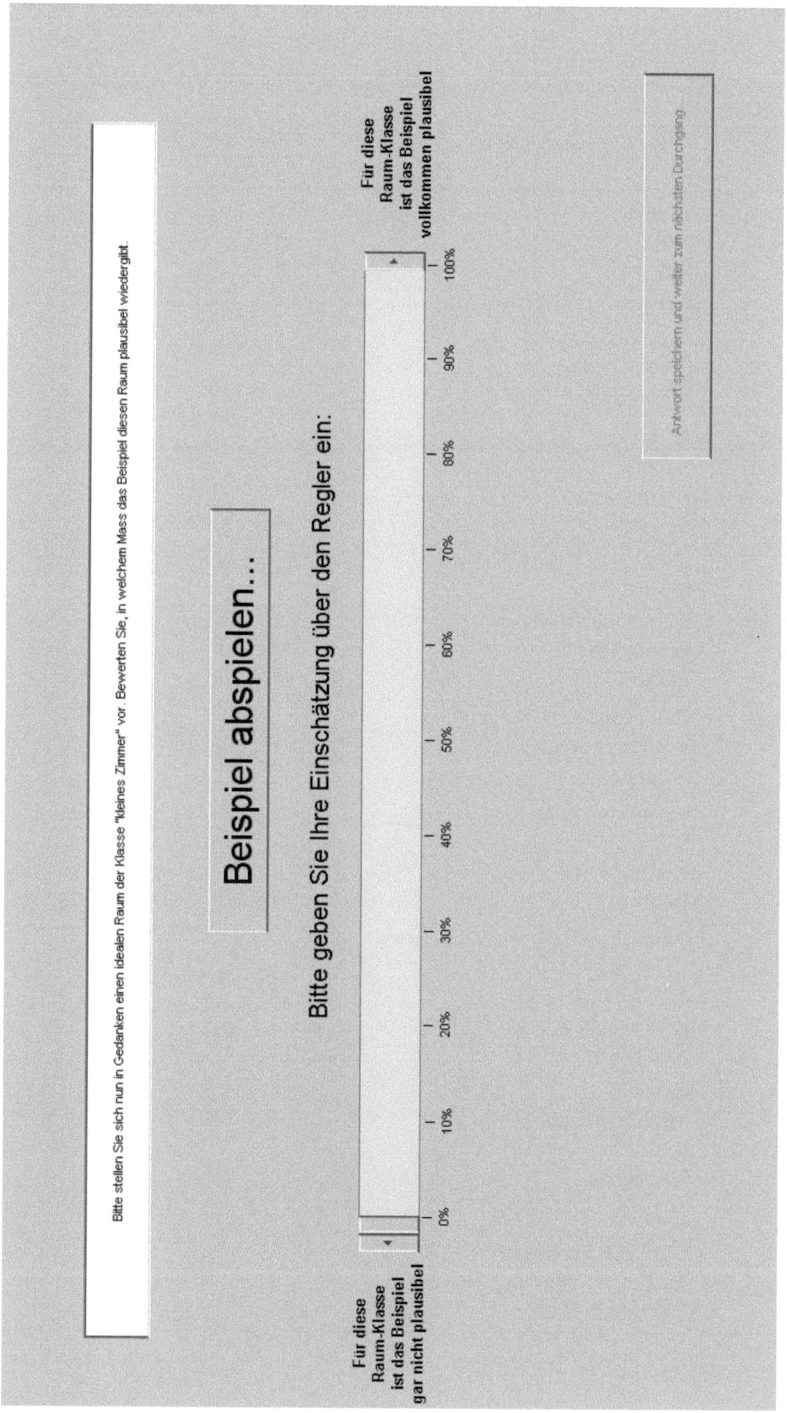

Abb. 5.12 Versuch 2, Benutzeroberfläche zur Beurteilung mit indiv. Klassen

5.4 Daten der Stimuli und Einzelergebnisse zu Versuch 2

Tab. 5.1 Versuch 2, Klassenbezeichnungen und -umfänge aller Probanden. Für akustische Daten der Räume vgl. Tab. 3.1

	Klassenbezeichnung	Umfang	
		von Raum …	bis Raum …
Proband 1	Zimmer	1	4
	Saal	5	7
	Kirche	8	11
	Grotte	12	15
Proband 2	Kleines Zimmer	1	4
	Großes Zimmer	5	9
	Konzertsaal	10	12
	Kirche	13	15
Proband 3	Kabine	1	4
	Wohnzimmer	5	7
	Konzerthaus	8	10
	Space	11	15
Proband 4	Studio	1	4
	Petite salle de concert	5	8
	Grande salle de concert	9	11
	Église	12	15
Proband 5	Hallfahne nah an der Stimme	1	4
	Ausgewogen	5	7
	Schallhart	8	15
Proband 6	Aufnahmekabine	1	4
	Stube	5	7
	Keller	8	10
	Höhle	11	15
Proband 7	Schitzelgrube (Zimmer mit Schaumstoff ausgekleidet)	1	3
	Schulzimmer	4	6
	Römische Kirche (in der Kuppel)	7	10
	Spiegelsaal	11	15
Proband 8	Kammer	1	3
	Mittlerer Raum	4	7
	Saal	8	10
	Kathedrale	11	15
Proband 9	Kammer	1	4
	Größerer Wohnraum	5	7
	Saal	8	10
	Kathedrale	11	15

Tab. 5.1 (Fortsetzung)

	Klassenbezeichnung	Umfang	
		von Raum …	bis Raum …
Proband 10	Trocken	1	4
	Kleiner Raum	5	7
	Halle	8	11
	Kirchenschiff	12	15
Proband 11	Klein	1	4
	Mittel: Gewölbe/Parkhaus	5	9
	Groß: Höhle	10	15
Proband 12	Küche	1	6
	Gang	7	8
	Lang, künstlich	9	10
	Höhle	11	15
Proband 13	Arbeitszimmer	1	4
	Wohnzimmer	5	7
	Kirche	8	10
	Kathedrale	11	15
Proband 14	Kabuff	1	4
	Zimmer	5	9
	Halle	10	15
Proband 15	Stimme klar (kleiner Raum ohne oder nur wenig Nachhall, wenig verfärbt)	1	5
	Mittelgrosser Raum (stark färbend, Nachhall gut hörbar)	6	9
	Hall überschwänglich rollend, sehr lange, sehr räumlich	10	15
Proband 16	Schnittkabine	1	4
	Wohnzimmer	5	7
	Konzertsaal	8	10
	Caverne	11	15

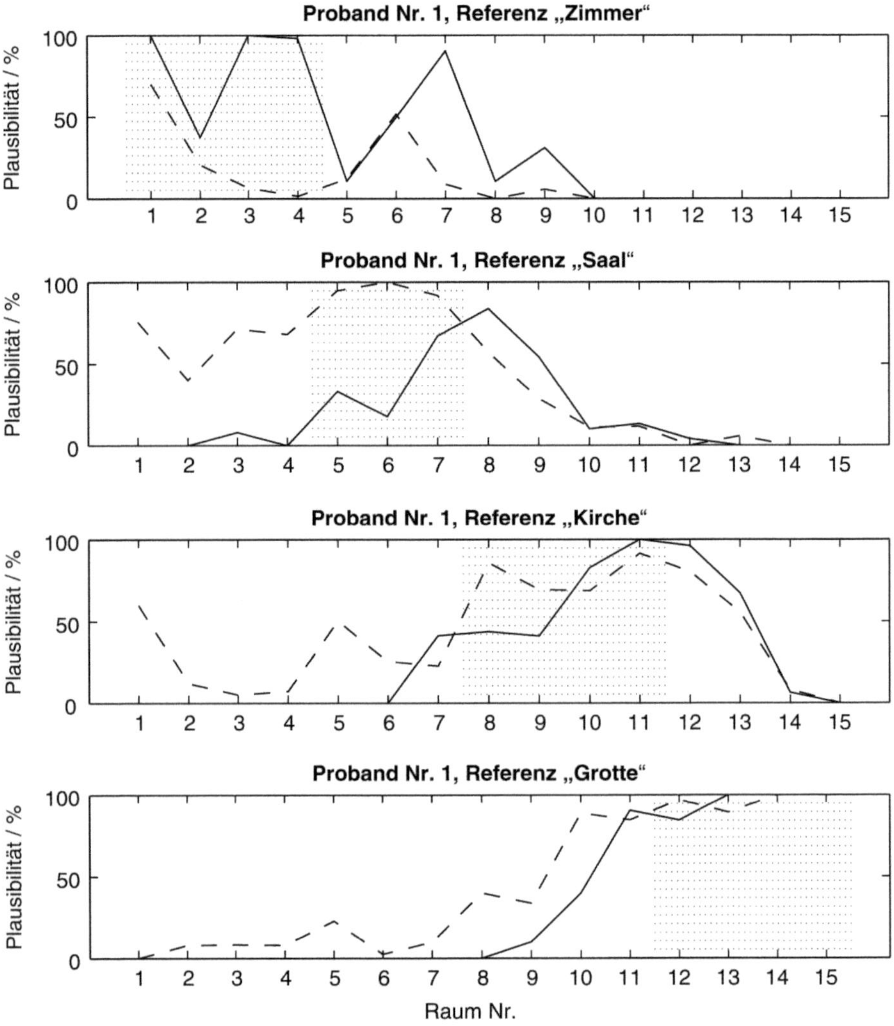

Abb. 5.13 Versuch 2, Plausibilitätsurteile Proband Nr. 1. *Durchgezogene Linie:* originale Räume; *punktierte Linie:* im Wiedergaberaum reproduzierte Räume; *grau markierter Bereich:* Umfang der Klasse (originale Räume, die vom Probanden der jeweiligen Klasse zugeordnet wurden). Für akustische Daten der Räume vgl. Tab. 3.1 (Abschn. 3.3.4)

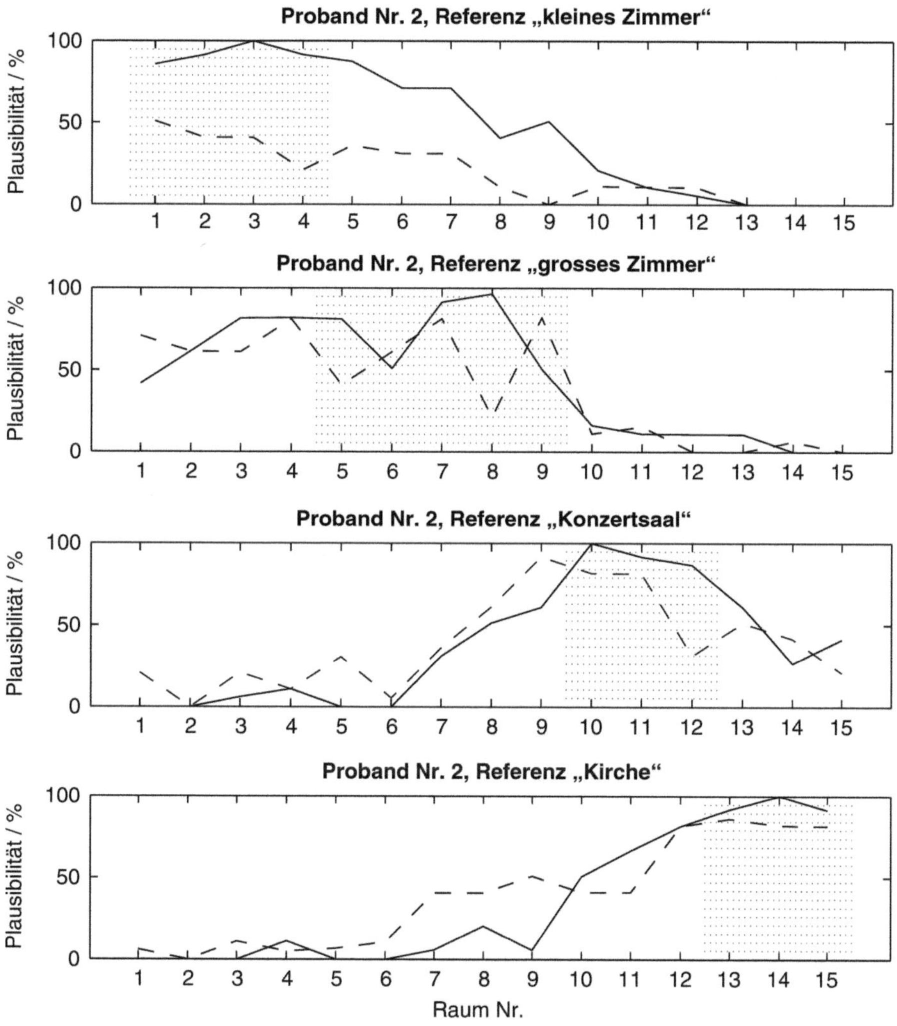

Abb. 5.13 (Fortsetzung)

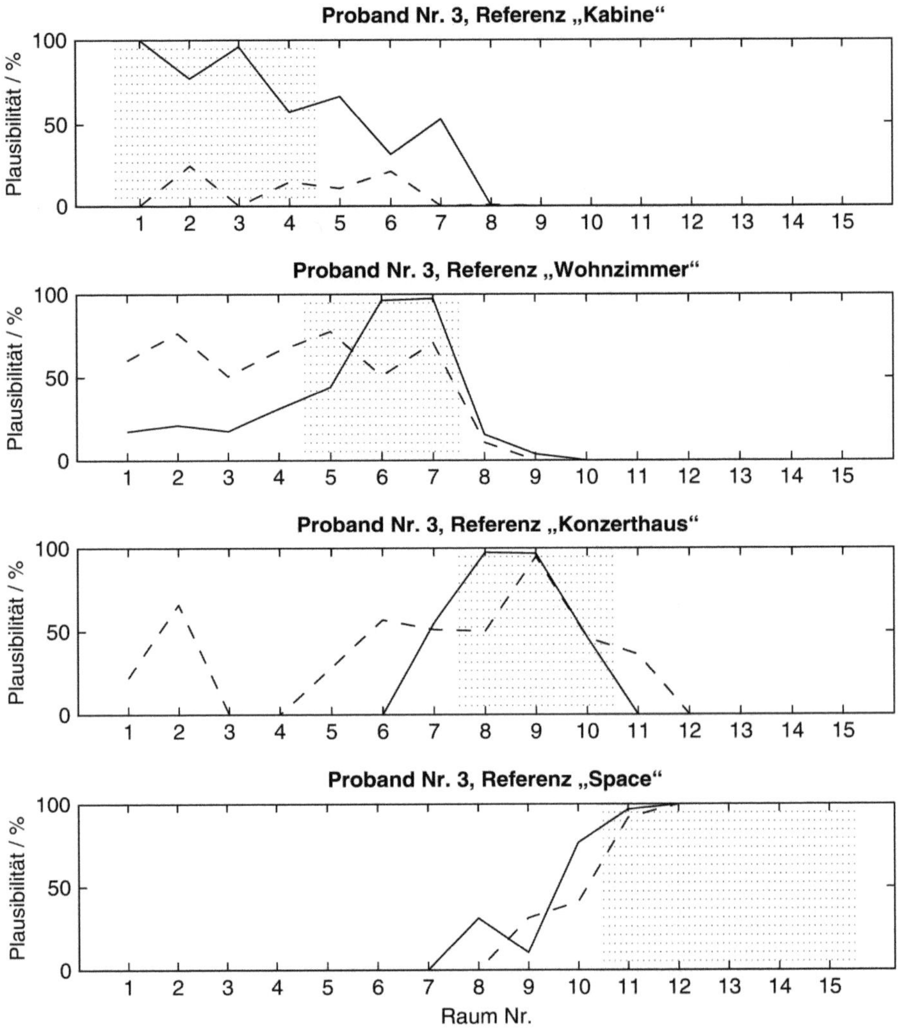

Abb. 5.13 (Fortsetzung)

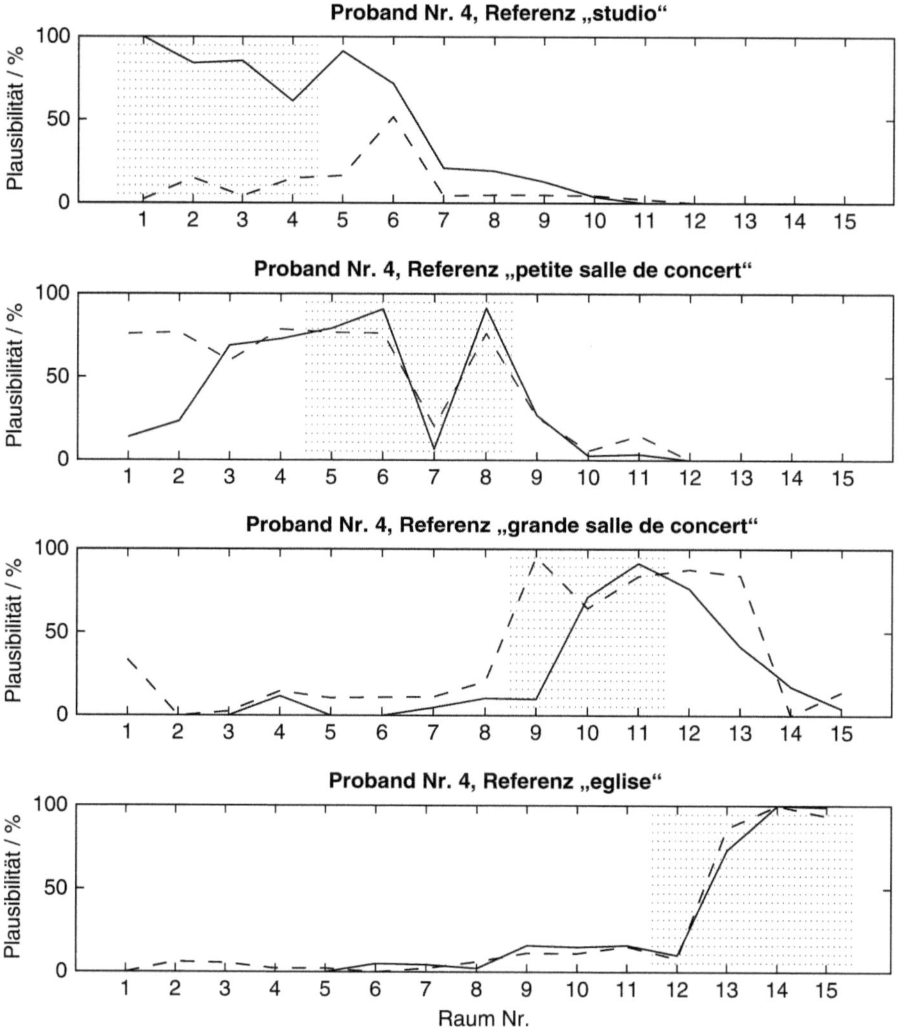

Abb. 5.13 (Fortsetzung)

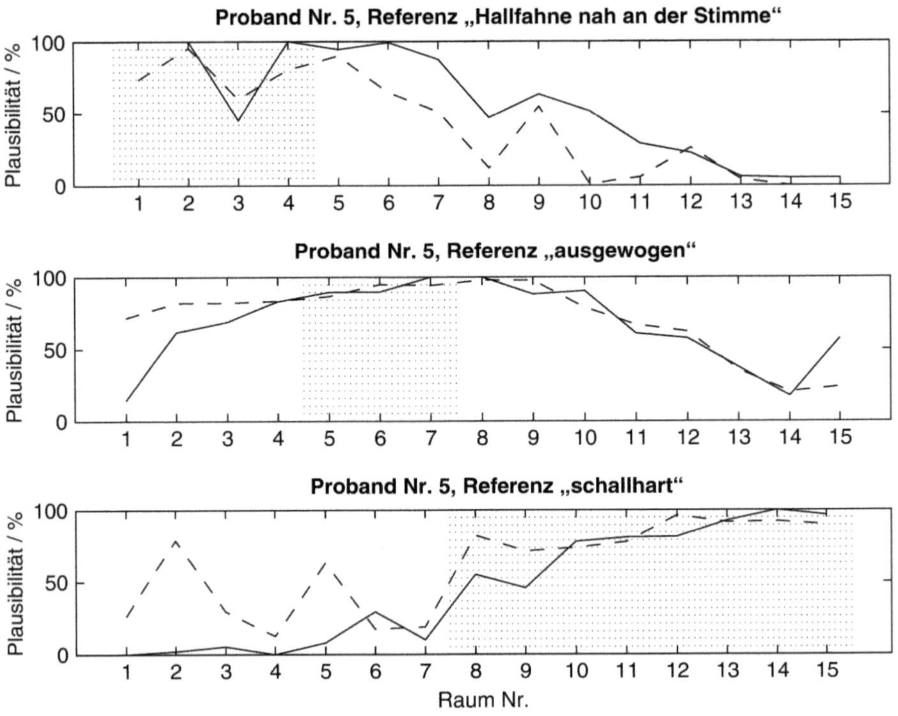

Abb. 5.13 (Fortsetzung)

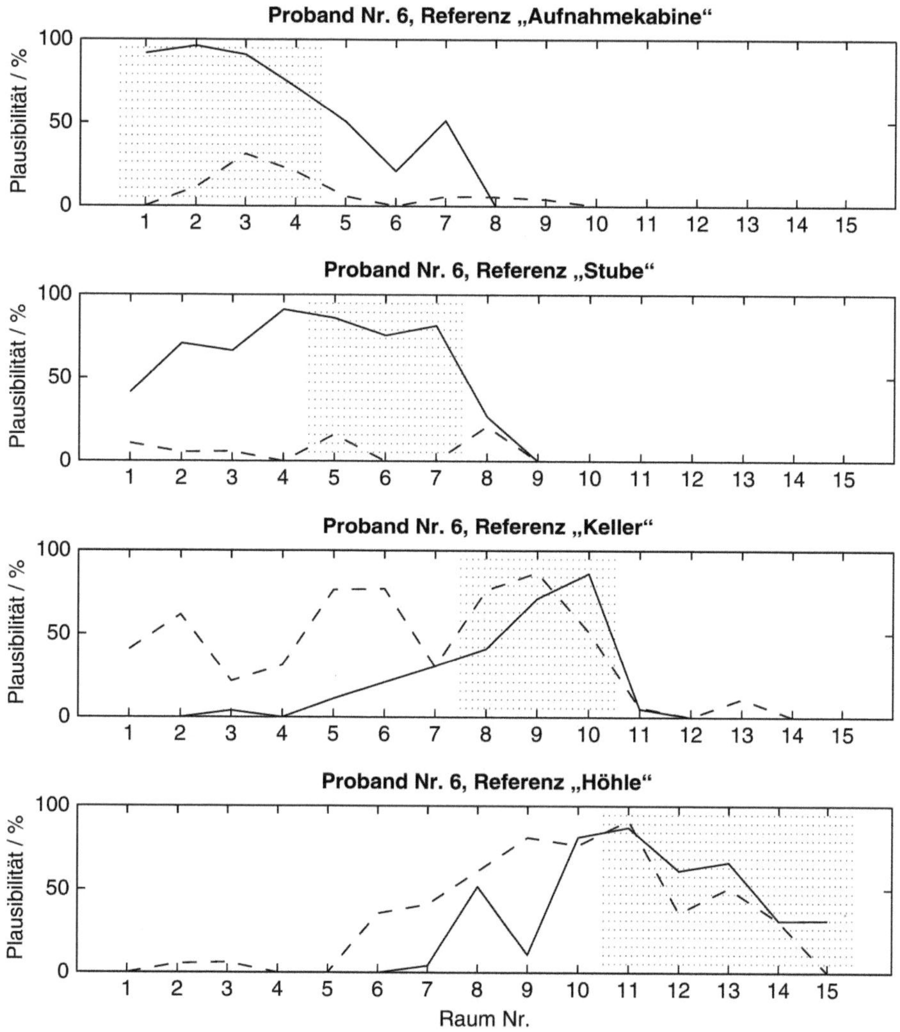

Abb. 5.13 (Fortsetzung)

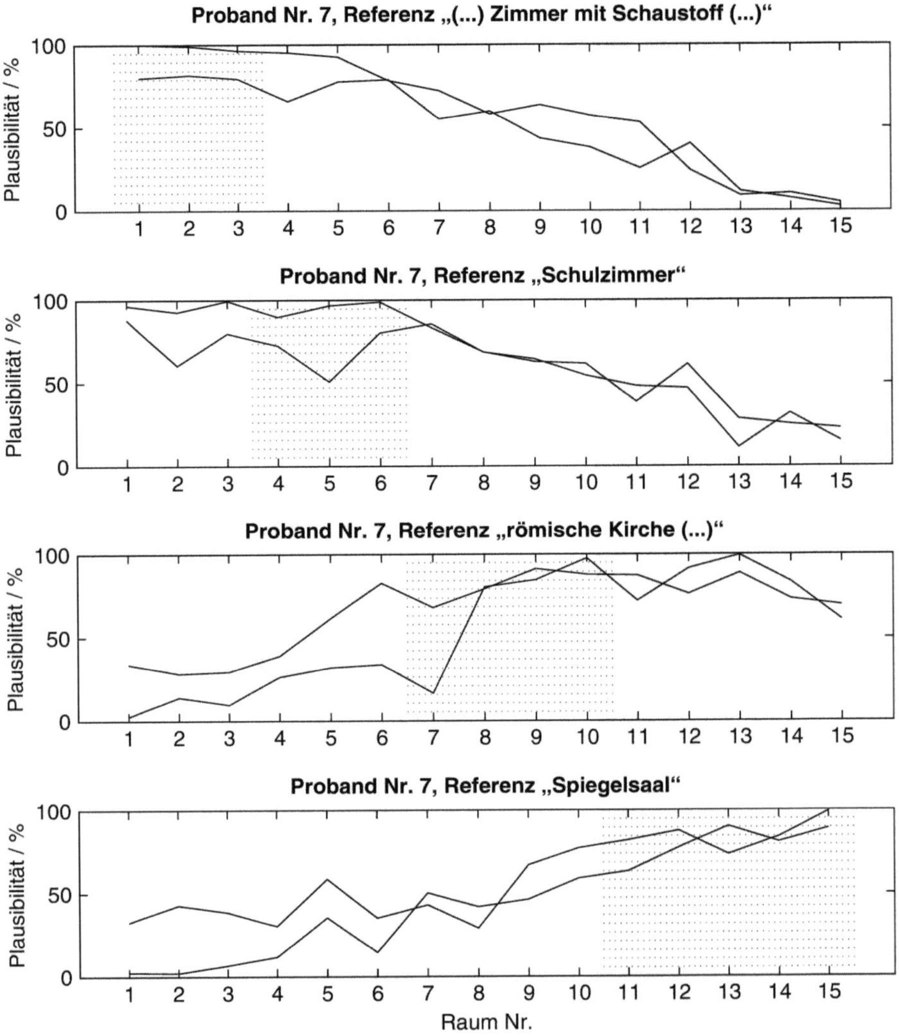

Abb. 5.13 (Fortsetzung)

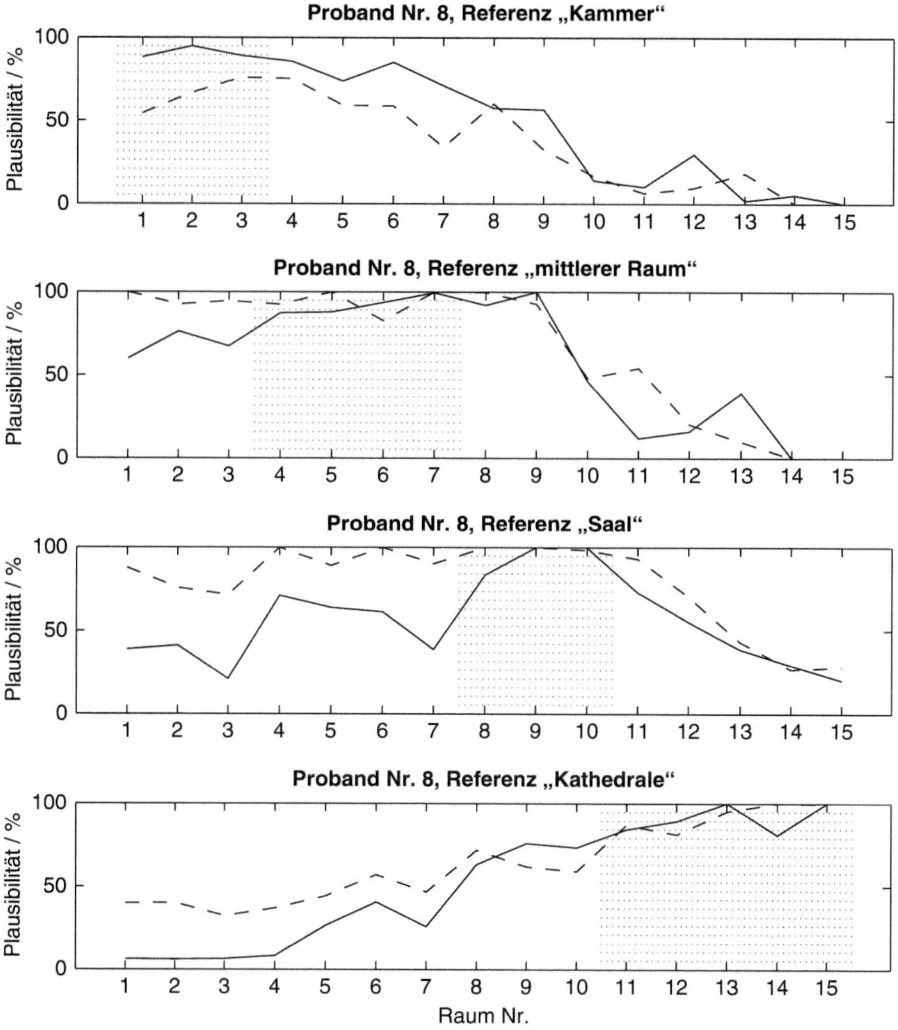

Abb. 5.13 (Fortsetzung)

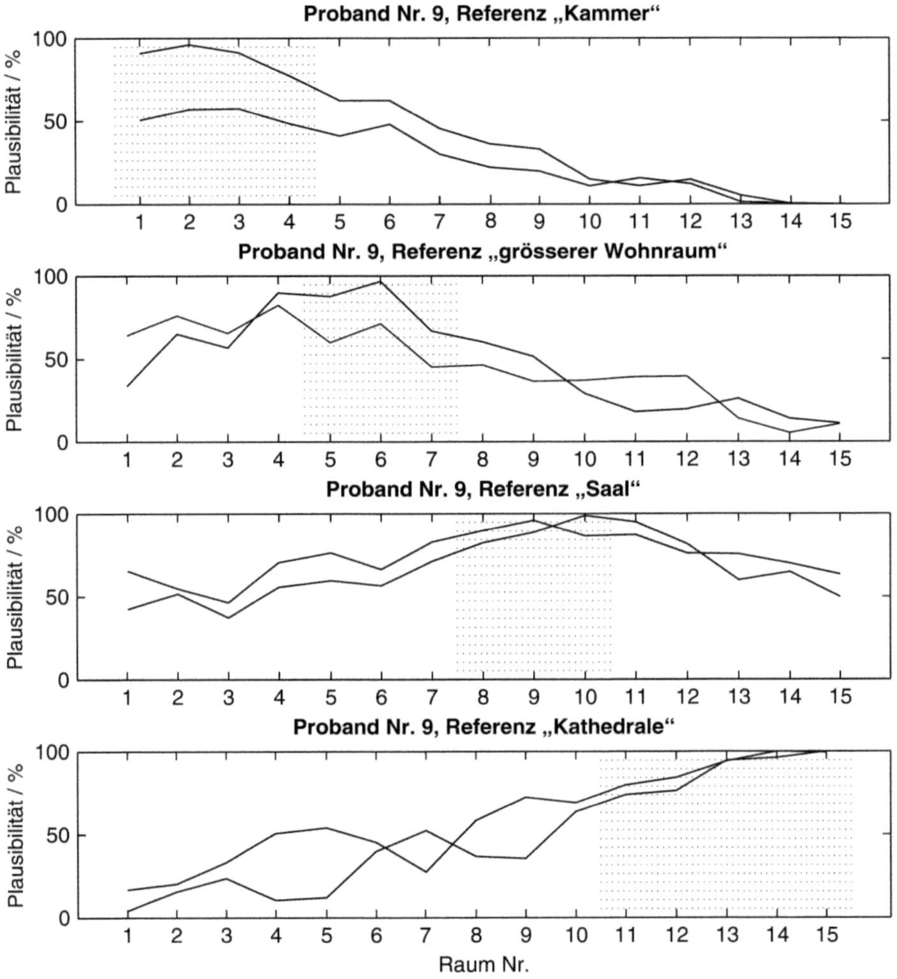

Abb. 5.13 (Fortsetzung)

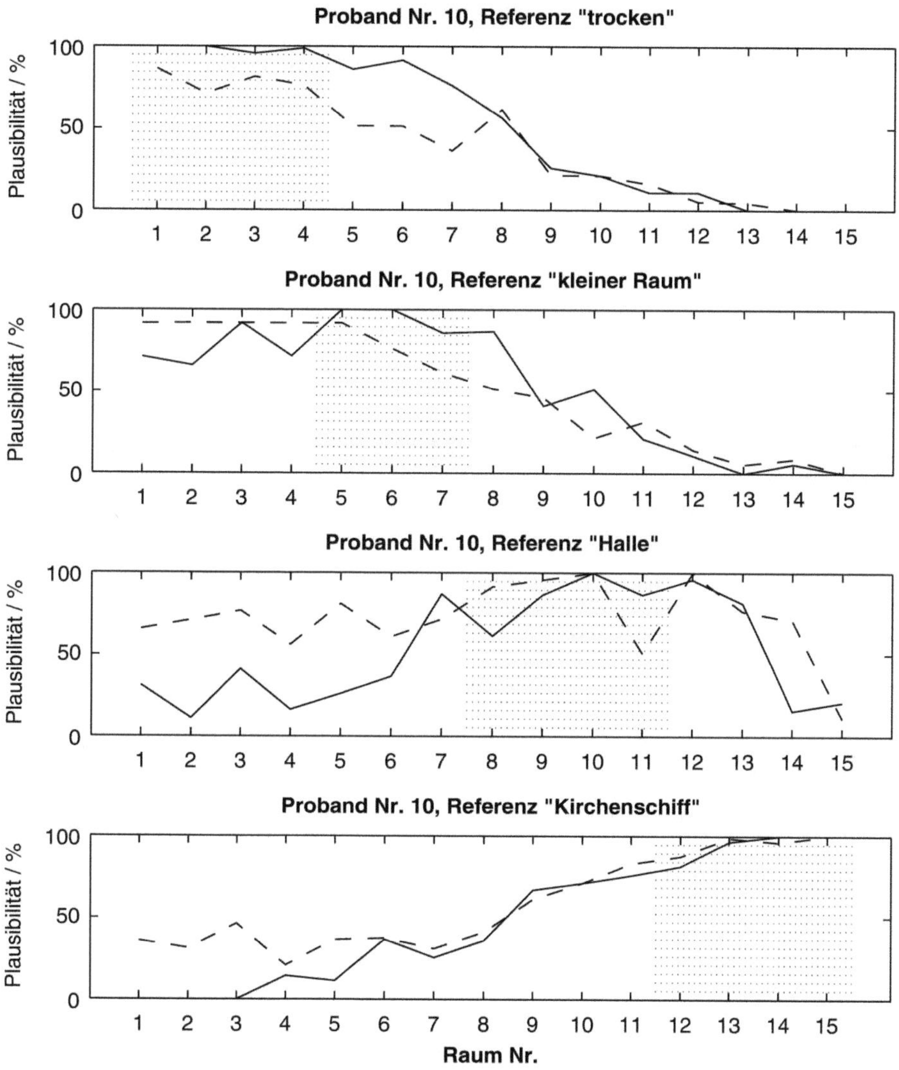

Abb. 5.13 (Fortsetzung)

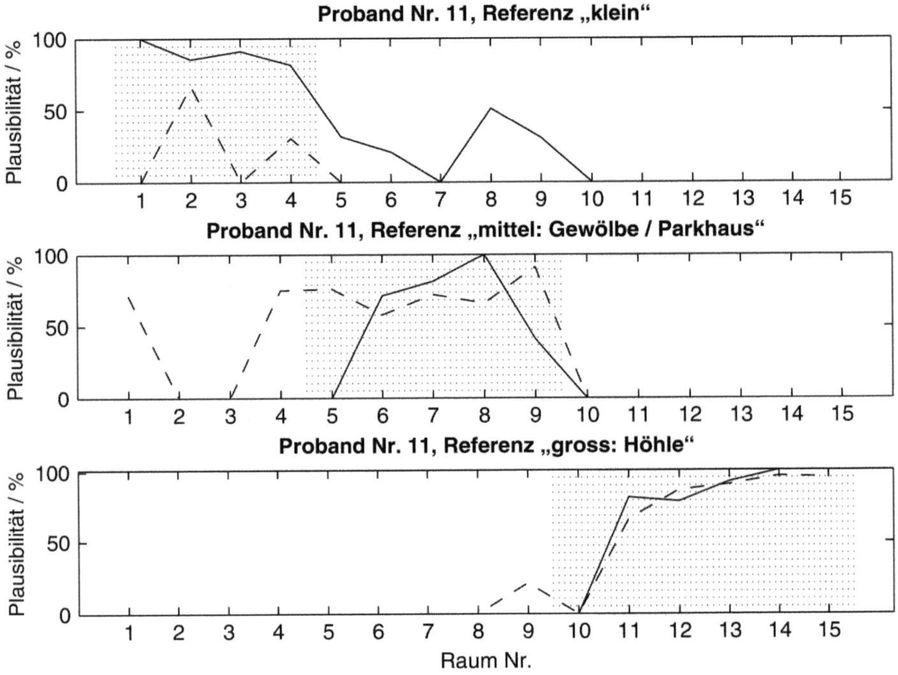

Abb. 5.13 (Fortsetzung)

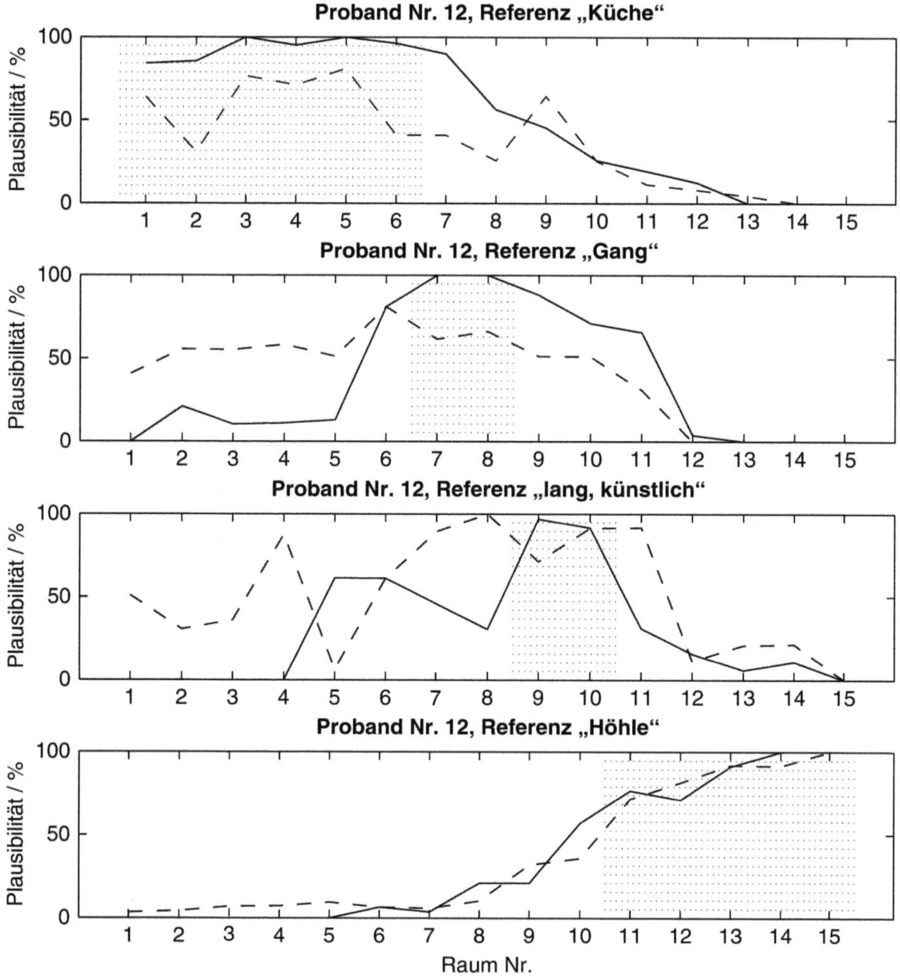

Abb. 5.13 (Fortsetzung)

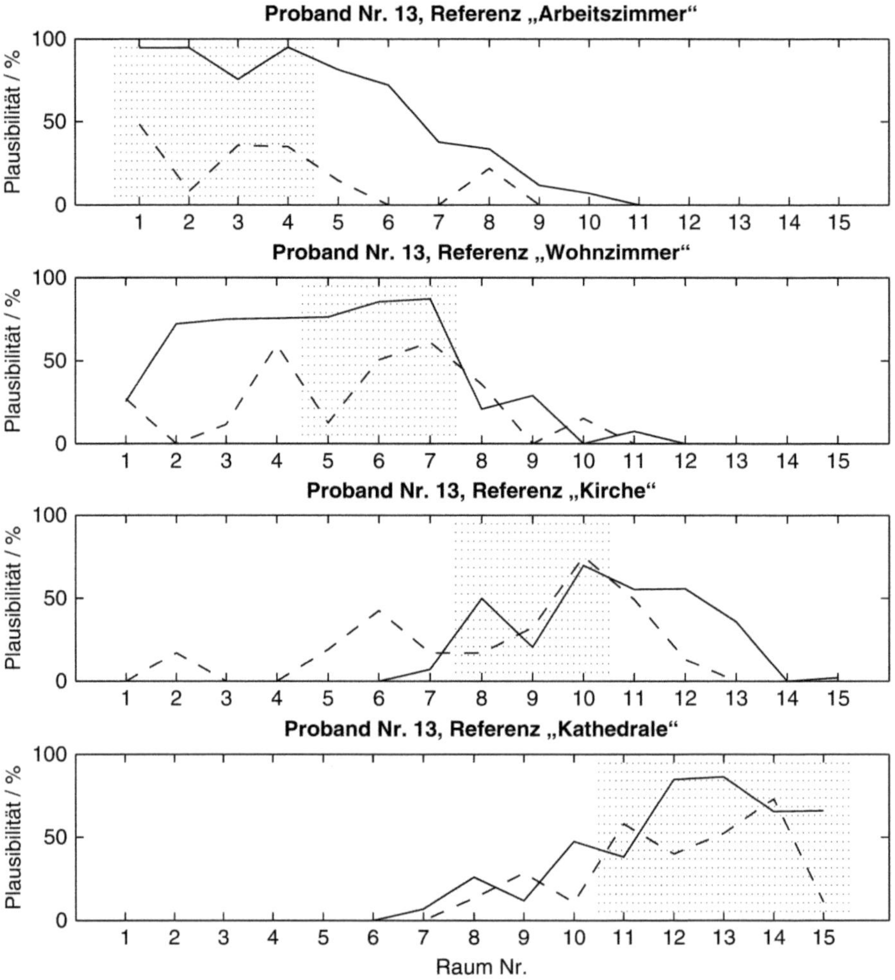

Abb. 5.13 (Fortsetzung)

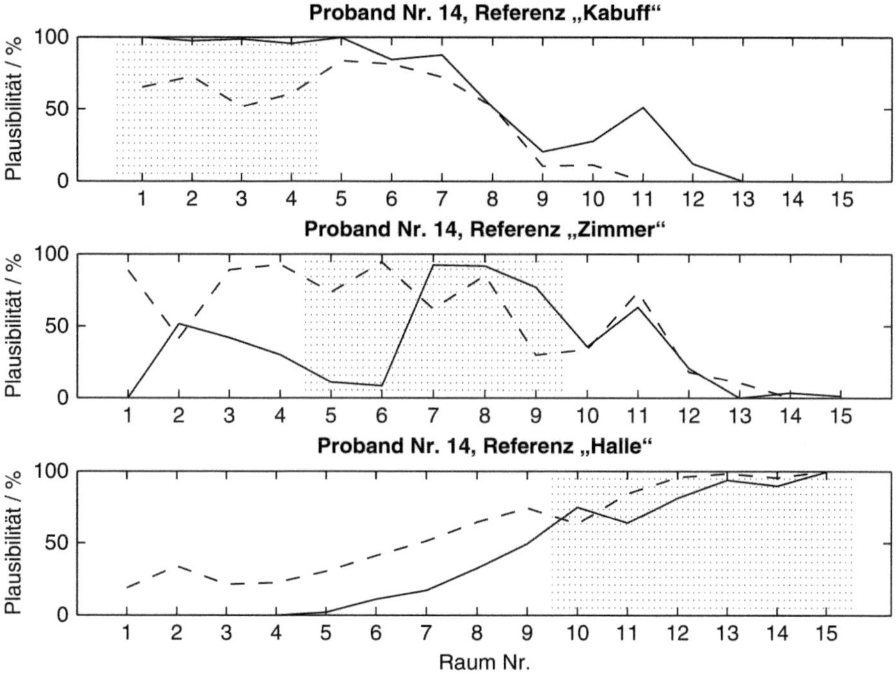

Abb. 5.13 (Fortsetzung)

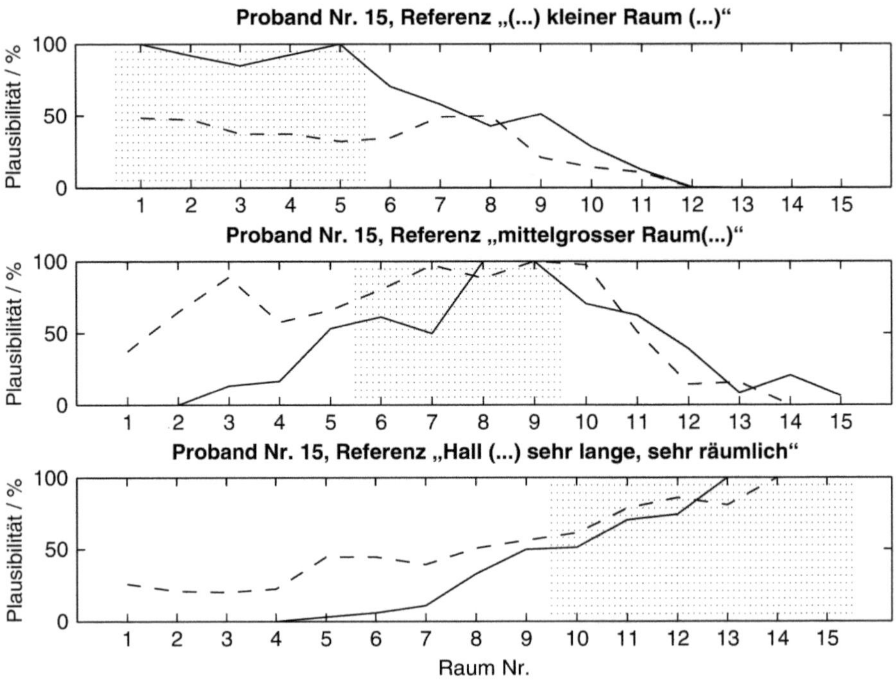

Abb. 5.13 (Fortsetzung)

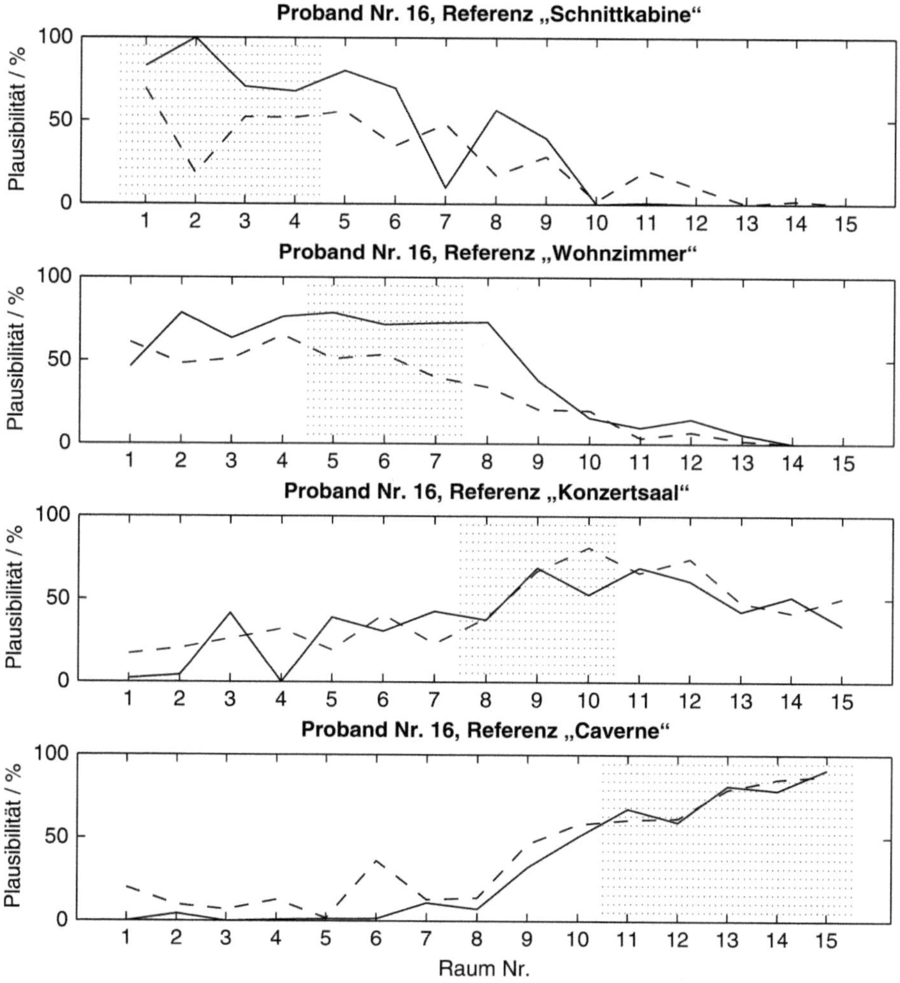

Abb. 5.13 (Fortsetzung)

5.5 Grafische Benutzeroberflächen zu Versuch 3

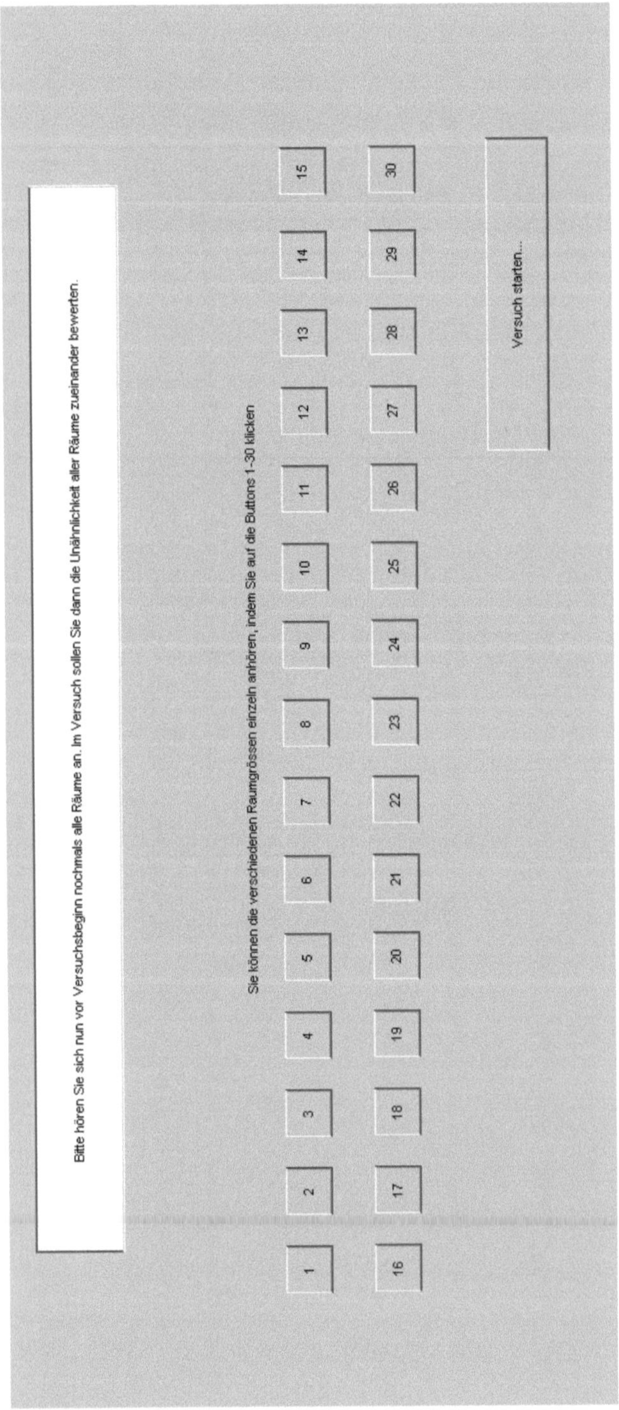

Abb. 5.14 Versuch 3, Benutzeroberfläche mit Übersicht über alle Stimuli

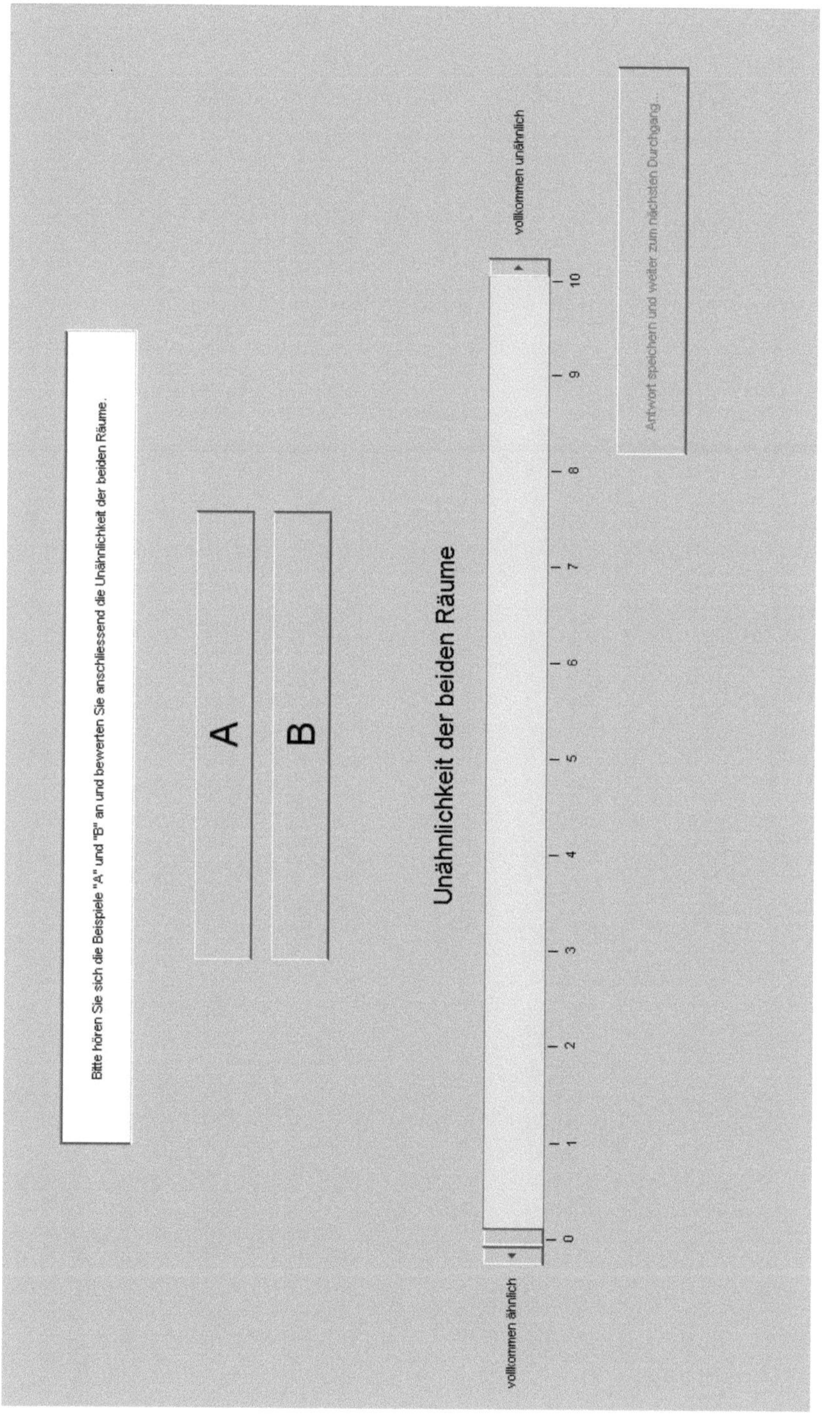

Abb. 5.15 Versuch 3, Benutzeroberfläche für Unähnlichkeitsbewertung

5.6 Grafische Benutzeroberfläche zu Versuch 4

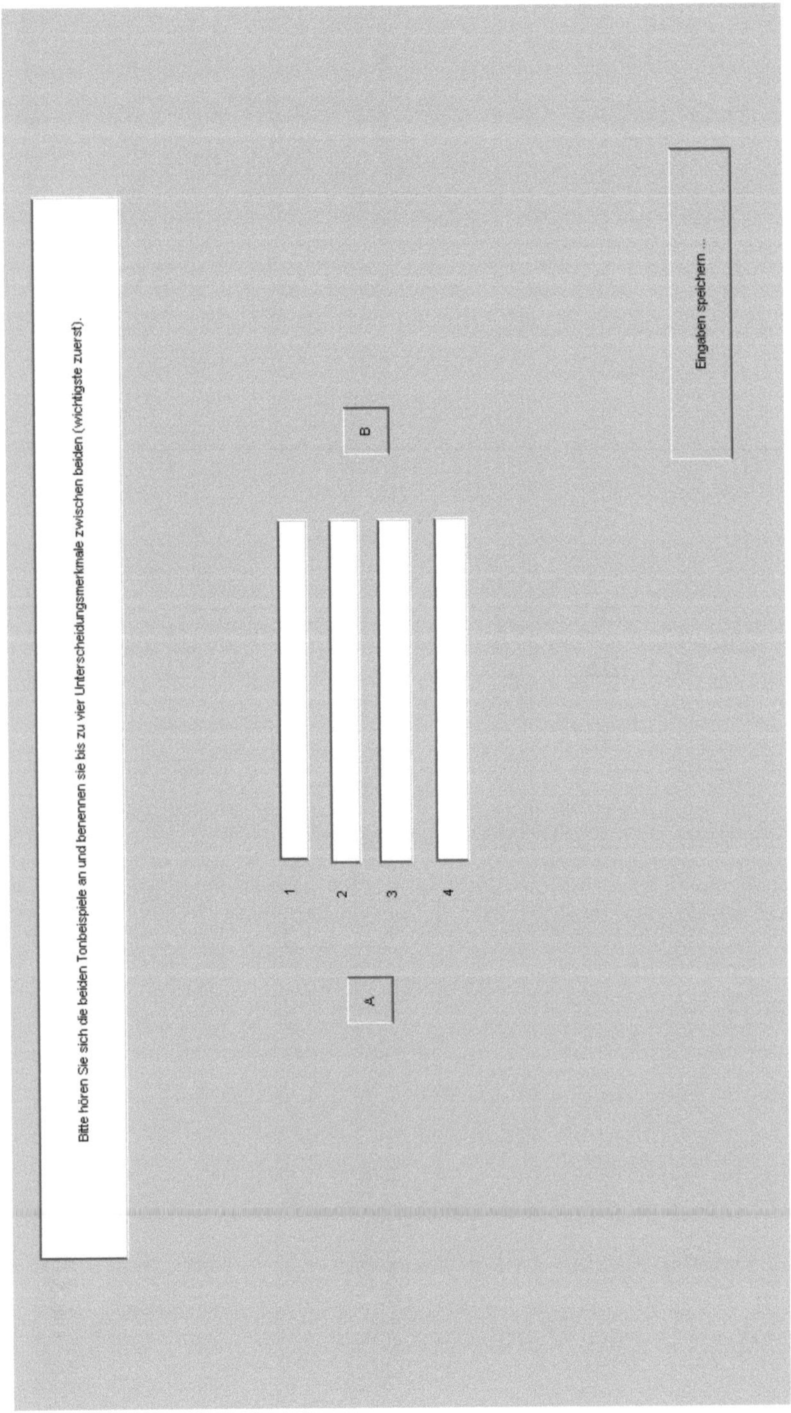

Abb. 5.16 Versuch 4, Benutzeroberfläche

Literatur

Adorno, T.: Über die musikalische Verwendung des Radios. Der getreue Korrepetitor. Fischer, Frankfurt (1963)

Arnaldi, B., Fuchs, P., Guitton, P.: Introduction à la réalité virtuelle. In: Fuchs, P. (Hrsg.) Traîté de la réalité virtuelle, Bd. 5. Presses de l'Ecole des Mines, Paris (2006)

Bech, S., Zacharov, N.: Perceptual Audio Evaluation. Theory, Method and Application. Wiley, Chinchester (2006)

Benjamin, W.: Das Kunstwerk im Zeitalter seiner technischen Reproduzierbarkeit. Suhrkamp, Frankfurt a. M. (1963)

Blauert, J.: Spatial Hearing: The Psychophysics of Human Sound Localization, (revised ed). MIT Press, Cambridge (1997)

Blauert, J.: Analysis and synthesis of auditory scenes. In: Blauert, J. (Hrsg.) Communication Acoustics. Springer, Berlin (2005)

Blauert, J.: Reality, virtual reality – and the roots of psychoacoustics. Proceedings of the 2nd international conference on perceptual quality of systems, S. 149–151, Berlin (2006)

Blauert, J., Jekosch, U.: Sound-quality evaluation – a muti-layered problem. Acustica/Acta Acus. **83**, 747–753 (1997)

Bloomfield, L.: Language. Holt, Rinehart and Winston, New York (1961)

Bortz, J.: Statistik für Human- und Sozialwissenschaftler, 6. Aufl. Springer, Heidelberg (2005)

Bortz, J., Döring, N.: Forschungsmethoden und Evaluation für Human- und Sozialwissenschaftler, 4. Aufl. Springer, Heidelberg (2006)

Boss, G.: „Das Medium ist die Botschaft" (Marshall McLuhan) – zur Frage der Interpretation auf Tonträgern. Bericht zur 18. Tonmeistertagung. Saur, Karlsruhe (1994)

Botella, C., Baños, R.M., Alcañiz, M.: A psychological approach to presence. Proceedings of the 6th annual international workshop on presence. Aalborg University, Denmark (2003)

Bregman A.S.: Auditory Scene Analysis: The Perceptual Organization of Sound. MIT Press, Cambridge (1990)

Carlin, A.S., Hoffman, H.G., Weghorst, S.: Virtual reality and tactile augmentation in the treatment of spider phobia: a case report. Behav. Res. Ther. **35**(2), 153–158 (1997)

Case, R.: Intellectual Development: Birth to Adulthood. Academic Press, Orlando (1985)

Cassirer, E.: Goethe und die mathematische Physik. Eine erkenntnistheoretische Betrachtung. In: Cassirer, E.: Idee und Gestalt. Goethe, Schiller, Hölderlin, Kleist. Wissenschaftliche Buchgesellschaft, Darmstadt (1971)

Chiu, C.-Y.P., Schacter, D.L.: Auditory priming for nonverbal information: implicit and explicit memory for environmental sounds. Conscious. Cong. **4**, 440–458 (1995)

Chouard, N.: Loudness and unpleasentness perception in dichotic conditions. Dissertation, Université du Maine/Universität Oldenburg (1997)

Clapin, H., Staines, P., Slezak, P. (Hrsg.): Representation in Mind: New Approaches to Mental Representation. Elsevier, Amsterdam (2004)

DOI 10.1007/978-3-642-22072-2, © Springer-Verlag Berlin Heidelberg 2012

Dasen, P.R.: Cross-cultural Piagetian reserach: a summary. J. Cross-Cultural Psychol. **3**, 23–29 (1972)
DIN 1319-1: Grundlagen der Messtechnik, Teil 1: Grundbegriffe. Beuth, Berlin (1995)
DIN 18041: Hörsamkeit in kleinen bis mittelgroßen Räumen. Beuth, Berlin (2004)
DIN 55350: Teil 11: Begriffe der Qualitätssicherung und Statistik, Grundbegriffe der Qualitätssicherung. Beuth, Berlin (1987)
Dürrer, B.: Untersuchungen zum Entwurf von Auditory Displays (Investigations into the design of auditory displays). Dissertation, Ruhr-Universität Bochum (Berlin: dissertation.de) (2001)
Eco, U.: Die Grenzen der Interpretation. dtv, München (1995)
Edelman, G.M., Tononi, G.: Consciousness – How Matter Becomes Imagination. Penguin, London (2000)
Ellis, D.P.W.: Prediction-driven computational auditory scene analysis. Dissertation, Massachusetts Institute of Technology (1996a)
Ellis, S.R.: Presence of mind: a reaction to Thomas Sheridan's further musings on the psychophysics of presence. Presence: Teleoperators and Virtual Environ. **5**(2), 247–159 (1996b)
Esposito, E.: Fiktion und Virtualität. In: Krämer, S. (Hrsg.) Medien. Computer. Realität. Wirklichkeitsvorstellungen und Neue Medien, S. 269–296. Suhrkamp, Frankfurt a. M. (1998)
Faller, C.: Parametric multichannel audio coding: synthesis of coherence cues. IEEE Trans. Speech Audio Process. **14**(1), 299–310 (2006)
Fastl, H., Zwicker, E.: Psychoacoustics Facts and Models, 3. Aufl. Springer, Berlin (2007)
Fischer, K.W.: A theory of cognitive development: the control and construction of hierarchies of skills. Psychol. Rev. **87**, 477–531 (1980)
Flückiger, B: Sound Design: Die virtuelle Klangwelt des Films, 3. Aufl. Schüren, Marburg (2007)
de Gelder, B., Vroomen, J.: Modality effects in immediate recall of verbal and non-verbal information. Eur. J. Cogn. Psychol. **9**(1), 97–110 (1999)
Ginsburg, H., Opper, S.: Piagets Theorie der geistigen Entwicklung, 9. Aufl. Klett-Cotta, Stuttgart (2004)
von Glasersfeld, E.: Radikaler Konstruktivismus: Ideen, Ergebnisse, Probleme, 6. Aufl. Suhrkamp, Frankfurt a. M. (2008)
Goodman, Y.M., Goodman, K. S.: To err is human: learning about language processes by analyzing miscues. In: Ruddell, R.B., Rudell, M.R., Singer, H. (Hrsg.) Theoretical Models and the Processes of Reading, 4. Aufl. International Reading Association, Newark (DE) (1994)
Gregory, R.L.: Eye and Brain: The Psychology of Seeing. Weidenfeld and Nicolson, London (1966)
Heeter, C.: Being there: the subjective experience of presence. Presence: Teleoperators and Virtual Environ. **1**(2), 262–271 (1992)
Heidegger, M.: Sein und Zeit, 19. Aufl. Niemeyer, Tübingen (2006)
Held, R.M., Durlach, N.I.: Telepresence. Presence: Teleoperators and Virtual Environ. **1**(1), 109–112 (1992)
Hempel, T.: Untersuchung zur Korrelation auditiver und instrumenteller Messergebnisse für die Bewertung von Fahrzeuginnenraumgeräuschen als Grundlage eines Beitrags zur Klassifizierung von Hörereignissen. Dissertation, Technische Universität Berlin (2001)
Hendrix, C.M.: Exploratory studies on the sense of presence in virtual environments as a function of visual and auditory display parameter. Master Thesis, University of Washington (1994)
Hendrix, C.M., Barfield, W.: Presence within virtual environments as a function of visual display parameters. Presence: Teleoperators and Virtual Environ. **5**(3), 274–289 (1996)
Hjelmslev, L.: Prolegomena to a Theory of Language. University of Wisconsin Press, Madison (1943)
ITU-R BS. 1116-1: ITU Recommendation BS. 1116-1, Methods for the Subjective Assessment of Small Impairments in Audio Systems Including Multichannel Sound Systems. International Telecommunications Union Radiocommunication Assembly, Genf (1997)
ITU-R BS. 775-1: ITU Recommendation BS. 775-1, Multichannel stereophonic sound system with and without accompanying picture. International Telecommunications Union Radiocommunication Assembly, Genf (2006)

Jekosch, U.: Sprache hören und beurteilen: Ein Ansatz zur Grundlegung der Sprachqualitätsbeurteilung. Habilitationsschrift, Universität Essen (2000)
Jekosch, U.: Basic concepts and terms of „Quality",reconsidered in the context of product-sound quality. Acustica/Acta Acus. **90**, 999–1006 (2004)
Jekosch, U.: Assigning meaning to sounds – semiotics in the context of product-sound design. In: Blauert, J. (Hrsg.) Communication Acoustics. Springer, Berlin (2005a)
Jekosch, U.: Voice and speech quality perception. Assessment and Evaluation. Springer, Berlin (2005b)
Jot, J.-M.: Etude et réalisation d'un spatialisateur de sons par modeles physiques et perceptifs. Dissertation, Université Telecom Paris (1992)
Juslin, P.N., Sloboda, J.A. (Hrsg.): Music and Emotion: Theory and Research. Oxford University Press, New York (2001)
Katz, D.: Gestaltpsychologie, 1. Aufl. Schwabe, Basel (1943)
Koivuniemi, K., Zacharov, N.: Unravelling the perception of spatial sound reproduction: Language development, verbal protocol analysis and listener training. Proceedings of the AES 111th international convention, AES, New York (2001)
Kuttruff, H.: Room acoustics, 4. Aufl. Elsevier, London (2000)
Leman, M. (Hrsg.): Music, Gestalt, and Computing: Studies in Cognitive and Systematic Musicology. Springer, Berlin (1997)
Lessiter, J., Freeman, J., Keogh, E., Davidoff, J.: Development of a new cross-media presence questionnaire: the ITC sense of presence inventory. Proceedings of the 3rd international presence workshop, Techniek Museum, Delft (2000)
Lewis, M., Haviland-Jones, J.M., Barrett, L.F.: Handbook of Emotions. Guilford Press, New York (2008)
Lindau, A.: Konzertsaal und mediale Rezeption. Eine empirische Untersuchung mit immersiven Technologien. Dissertation, Technische Universität Berlin, noch unveröffentlicht (2011)
Lombard, M., Ditton, T.: At the heart of it all: the concept of presence. J. Computer Med.Commun. **3**(2), http://jcmc.indiana.edu/vol3/issue2/lombard.html (1997). Zugegriffen: 27. März 2006
Luce, R.D., Suppes, P.: Representational measurement theory. In: Stevens, S.S. (Hrsg.) Handbook of Experimental Psychology, Bd. 4, S. 1–42. Wiley, New York (2002)
Meng, Z., Zihou, Z., Fengjie, H., He, M.: The just noticeable difference of noise length and reverberation perception. Proceedings of the international symposium on communications and information technologies, S. 418–421 (2006)
Mersch, D.: Zeichen über Zeichen. Texte zur Semiotik von Charles Sanders Peirce zu Umberto Eco und Jacques Derrida. dtv, München (1998)
Michon, J.A.: Multidimensional and hierachical analysis of progress in learning. In: Gregg, L.W. (Hrsg.) Cognition in Learning and Memory. Wiley, New York (1972)
Minsky, M.: Telepresence. OMNI Magazine, June, S. 45–51. MIT Press Journals. (n. d.). Presence. http://web.media.mit.edu/~minsky/papers/Telepresence.html (1980). Zugegriffen 21. Mai 2010
Moldrzyk, C., Lentz, T., Weinzierl, S.: Perzeptive Evaluation binauraler Auralisationen. Fortschritte der Akustik, Bericht zur DAGA, München (2005)
Moldrzyk, C., Ahnert, W., Feistel, S., Lentz, T., Weinzierl, S.: Head-tracked auralization of acoustical simulation. 117th AES convention paper preprint 6275, San Francisco (2004)
Möller, S.: Assessment and prediction of speech quality in telecommunications. Kluwer, Boston (2000)
Möller, S.: Quality of transmitted speech for humans and machines. In: Blauert, J. (Hrsg.) Communication Acoustics. Springer, Berlin (2005)
Morra, S., Gobbo, C., Marini, Z., Sheese, R.: Cognitive Development. Neo-Piagetian Perspectives. Erlbaum, New York (2008)
Morris, C.W. (Hrsg.): Writings in the General Theory of Signs. Mouton, Den Haag (1939)
Nöth, W.: Handbook of Semiotics. Indiana University Press, Bloomington (1990)
Novo, P.: Auditory virtual environments. In: Blauert, J. (Hrsg.) Communication Acoustics. Springer, Berlin (2005)

Oechlin, M.S., Läge, D., Vitouch, O.: Training of tonal similarity ratings in nonmusicians reveals partially expert-like cognitive organization of harmonic relationships. unveröffentlichtes Journal Paper, zum Reviewing eingreicht (2010)

Orth, B.: Grundlagen des Messens. In: Feger, H., Bredenkamp, J (Hrsg.) Enzyklopädie der Psychologie: Themenbereich B, Serie I, Bd. 3, Kap. 2, S. 136–176, Messen und Testen. Hogrefe, Göttingen (1983)

Pascual-Leone, J., Goodman, D.: Intelligence and experience: a neo-piagetian approach. Instr. Sci. **8**, 301–367 (1979)

Pascual-Leone, J., Johnson, J.: The psychological unit and its role in task analysis: a re-interpretation of object permanence. In: Chandler, M., Chapman, M (Hrsg.) Criteria for Competence: Controversies in the Assessment of Children's Abilities, S. 153–187. Erlbaum, Hillsdale (1991)

Peirce, C.S.: Collected papers. In: von Hartshorne, C., Weiss, P. (Hrsg.) Principles of Philosophy, Bd. 1. Harvard, Cambridge (1931)

Pellegrini, R.S.: Quality assessment of auditory virtual environments. Proceedings of the International Conference on Auditory Display (ICAD), Espoo, Finland (2001a)

Pellegrini, R.S.: A virtual reference listening room as an application of auditory virtual environments. Dissertation, Ruhr-Universität Bochum (2001b)

Pfeifer, W. (Hrsg.): Ethymologisches Wörterbuch des Deutschen. dtv, München (2005)

Piaget, J.: Le jugement et le raisonnement chez l'enfant (The Judgement and Reasoning in the Child). Routledge, London (1962)

Piaget, J.: Genetic Epistemology. Columbia University Press, New York (1970)

Piaget, J.: La construction réel chez l'enfant (Der Aufbau der Wirklichkeit beim Kinde). Klett-Cotta, Stuttgart (1974)

Regenbrecht, H.: Faktoren für Präsenz in virtueller Architektur. Dissertation, Bauhaus-Universität Weimar (2000)

Schaeffer, P.: Traité des objets musicaux. Ed. du Seuil, Paris (1966)

Schubert, T., Friedmann, F., Regenbrecht, H.: The experience of presence: factor analytic insights. Presence: Teleoperators and Virtual Environ. **10**(3), 266–281 (2001)

Sejnowski, T.J., Rosenberg, C.R., Charles, R.: Parallel networks that learn to pronounce english text. Complex Syst. **1**, 145–168 (1987)

Sheridan, T.B.: Musings on telepresence and virtual presence. Presence: Teleoperators and Virtual Environ. **1**(1), 120–125 (1992a)

Sheridan, T.B.: Defining our terms. Presence: Teleoperators and Virtual Environ. **1**(2), 272–274 (1992b)

Sheridan, T.B.: Further musings on the psychophysics of presence. Presence: Teleoperators and Virtual Environ. **5**(2), 241–246 (1996)

Sheridan, T.B.: Place illusion and plausibility can lead to realistic behaviour in immersive virtual environments. Phil. Trans. R. Soc. B. **364**, 3549–3557 (2009) (12 Dez. 2009)

Slater, M., Wilbur, S.: A framework for immersive virtual environments (FIVE): speculations on the role of presence in virtual environments. Presence: Teleoperators and Virtual Environ. **6**(6), 603–616 (1997)

Slater, M., Lineakis, V., Usoh, M., Kooper, R.: Immersion, presence, and performance in virtual environments: an experiment using tri-dimensional chess. In: Green, M. (Hrsg.) ACM Virtual Reality Software and Technology (VRST), S. 163–172 (1996)

Stevens, J.: Applied Multivariate Statistics for the Social Sciences. Erlbaum, Mahawah (2002)

Stevens, S.S. (Hrsg.): Handbook of Experimental Psychology. Wiley, New York (2002)

Toole, F.E.: Audio engineering, science in the service of art. The Audio Critic **28**, 5–15. http://www.theaudiocritic.com/ (2009). Zugegriffen: 3. Juli 2009

Usoh, M., Slater, M.: Exploration of immersive virtual environments. Endeavour **19**(1), 34–38 (1995) (Elsevier)

Välimäki, V., González, A.S.: Digital audio antiquing – signal processing methods for imitating the sound quality of historical recordings. J. Audio Eng. Soc. **56**(3), 115–139 (2008)

Waterworth, J.A., Waterworth, E.L.: The meaning of presence. The on-line journal Presence-Connect **3**(3). http://presence.cs.ucl.ac.uk/presenceconnect/articles/Feb2003/jwworth-Feb1020031217/jwworthFeb1020031217.html (2003). Zugegriffen: 18. März 2009
Weinzierl, S.: Beethovens Konzerträume. Raumakustik und symphonische Aufführungspraxis an der Schwelle zum modernen Konzertwesen. Bochinsky, Frankfurt a. M. (2002)
Welch, R., Blackmon, T., Liu, A., Mellers, B., Stark, L.: The effect of pictorial realism, delay of visual feedback, and observer interactivity on the subjective sense of presence. Presence: Teleoperators and Virtual Environ. **5**(3), 263–273 (1996)
Welsch, W.: ‚Wirklich'. Bedeutungsvarianten – Modelle – Wirklichkeiten und Virtualität. In: Krämer, S. (Hrsg.) Medien. Computer. Realität. Wirklichkeitsvorstellungen und Neue Medien, S. 169–212. Suhrkamp, Frankfurt a. M. (1998)
Wender, K.: Die psychologische Interpretation nichteuklidischer Metriken in der multidimensionalen Skalierung. Dissertation, Clausthal, Bönecke (1969)
Witmer, B.G., Singer, M.J.: Measuring presence in virtual environments: a presence questionnaire. Presence: Teleoperators and Virtual Environ. **7**(3), 225–240 (1998)

Verzeichnis der verwendeten Audiomaterialien

Bach, J.S.: Brandenburgisches Konzert Nr. 5, D-Dur, BWV 1050, 1. Satz (Ausschnitt), Emmanuel Pahud – Flöte, Berliner Barocksolisten, Rainer Kussmaul – Ltg. EMI classics, London (2001) (7243 5 57111 2 0)

EBU (European Broadcast Union), SQAM: Sound Quality Assessment Material recordings for subjective tests, Audio CD, Version vom 08.10.2008, EBU, Genf, als Dateien verfügbar unter http://tech.ebu.ch/publications/sqamcd (2008). Zugegriffen: 22. Feb. 2010

Shostakowitsch, D.: Sinfonie No. 5, op. 70, 4. Satz: Allegro non troppo (Ausschnitt), Concertgebouw Orchestra, Bernhard Haitink – Ltg. Decca, London (1993) (425 066-2)

C. Kuhn-Rahloff, *Realitätstreue, Natürlichkeit, Plausibilität,*
DOI 10.1007/978-3-642-22072-2, © Springer-Verlag Berlin Heidelberg 2012

Sachverzeichnis

C. Kuhn-Rahloff, *Realitätstreue, Natürlichkeit, Plausibilität,*
DOI 10.1007/978-3-642-22072-2, © Springer-Verlag Berlin Heidelberg 2012

MIX
Papier aus verantwortungsvollen Quellen
Paper from responsible sources
FSC® C105338
FSC
www.fsc.org

If you have any concerns about our products,
you can contact us on
ProductSafety@springernature.com

In case Publisher is established outside the EU,
the EU authorized representative is:
Springer Nature Customer Service Center GmbH
Europaplatz 3, 69115 Heidelberg, Germany

Printed by Libri Plureos GmbH
in Hamburg, Germany